내 몸 공부

건 강 한   삶 을   위 한

내 몸

엄융의 지음

공부

창비

나 자신을 알아보자

요즘 사람들 건강에 관심이 참 많죠? 인터넷이나 텔레비전 등에도 각종 건강 정보가 넘쳐납니다. 가히 건강 정보의 홍수 시대라고 할 만하죠. 그런데 내 몸에 대해서는 얼마나 알고 있을까요? 혹시 여러분도 심장이나 혈관 건강에 좋은 식품 이름은 줄줄 꿰고 있으면서, 정작 그것들이 우리 몸에서 어떻게 작동하고 어떤 역할을 하는지 모르지는 않나요?

오랫동안 의사들을 가르쳐온 사람으로서 저는 사람들이 적어도 의사들이 무슨 말을 하는지 이해할 수 있도록 해야겠다고 생각했습니다. 서울대학교 학생들을 대상으로 했던 교양 강의를 책으로 묶자고 결심한 것도 그 때문입니다.

책을 쓰면서는 의학적·생물학적인 지식들을 자세하게 설명하기보다 독자들 스스로 몸에 대해 알아갈 수 있도록 했습니다. 전문

용어를 나열하는 대신 호기심을 자극하는 일화나 흥미로운 역사 이야기를 곁들이고 최신 이슈들을 다루었습니다. 따라서 몸이 작동하는 원리를 간단히 알고 싶은 분들은 이 책에서 많은 도움을 얻을 수 있을 것입니다.

이 책에서 저는 모든 생명 현상은 결코 단편적이지 않다는 것을 말하고자 했습니다. 수많은 세포들의 결합으로 이루어진 인간은 여러 층위의 조직들이 유기적으로 연결되어 있고, 그 연결의 수는 인간의 상상을 초월합니다. 그러므로 사람이나 상황에 따라 병의 상태나 원인, 치료법 등이 다릅니다. 따라서 병의 원인이라고 생각되는 것 하나에 집중하는 것보다는 몸의 전체적인 조화와 균형을 맞추는 것이 중요합니다.

이런 생각은 나를 넘어 우리로, 크게는 지구 전체로 확장되어야 합니다. 지구상의 모든 생명체가 비슷하다는 것을 이해해야 하죠. 여러 개의 세포가 모여서 하나의 개체를 이루듯 개체들이 모여 사회를 이루고, 나아가서는 지구 전체를 구성합니다. 거칠게 말해 '모든 생명은 하나'인 셈이죠.

지구 생태계가 유지되어야 지구를 구성하는 생명체인 인간이 살아갈 수 있음을 이해하고 생명의 위대함을 느끼는 것도 중요합니다. 그런 의미에서 저는 독자 분들이 모든 생명체와 조화를 이루고 균형 잡힌 삶을 유지할 수 있도록 환경 친화적인 생각을 가지게 되기를 희망합니다.

가족들의 끊임없는 격려와 서울대학교 생리학교실의 교수님들, 그리고 박정화 선생을 비롯한 여러 조교 선생님들의 도움이 없었다면 이 책은 나오지 못했을 것입니다. 아울러 이 책을 쓰도록 격려해주신 데니스 노블 교수님과 방효원, 이호섭, 심은보, 임채헌, 강동묵, 한진, 배재훈, 송대규 교수님께 감사드립니다. 또 이 책을 흔쾌히 출판해 주시고 많은 도움을 주신 창비의 황혜숙, 윤동희 선생님, 좋은 아이디어를 많이 내주시고 깔끔하게 고쳐주신 최란경 선생님께 깊은 감사를 드립니다. 아울러 예쁜 삽화를 그려주신 김윤경 작가님, 많은 조언을 해주신 이학준 기자님께도 감사드립니다.

이 책을 통해 많은 분들이 몸을 종합적으로 이해하고 신체적·정신적·사회적으로 건강한 삶을 살게 되기를 바랍니다.

2017년 4월

엄융의

백내장, 녹내장, 망막 박리
빛과 어둠에 반응하는 시각세포가 따로 있다!
신호와 소음을 구별하는 인간의 귀
소리는 어떻게 인지되는가?
몸의 위치와 자세를 잡는 평형감각
미각과 후각은 구분할 수 없다?

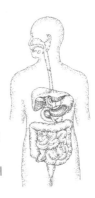
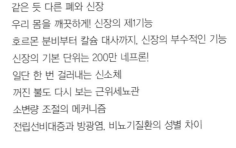

1

**면역계,
군인과
청소부**

사람은 왜 병에 걸릴까요? 이 질문에 대해 의학계는 아직 완전한 답을 마련하지 못했습니다. 그러면 건강하다는 것은 무엇일까요? 대개는 병에 걸리지 않은 상태라고 이야기합니다. 반대로 병은 건강하지 않은 상태라고 하죠. 질문과 대답이 도돌이표처럼 반복됩니다.

그러면 건강하고 건강하지 않고는 어떻게 나눌 수 있을까요? 흔한 감염성 질병들을 예로 생각해 봅시다. 감기는 바이러스에 의해 발생하는 질병입니다. 하지만 같은 감기 바이러스에 노출되더라도 어떤 사람은 감기에 걸리고 어떤 사람은 감기에 안 걸립니다. 콜레라가 유행한다고 해서 모든 사람들이 전부 콜레라에 걸릴까요? 그렇지 않습니다. 세상에 그런 병은 존재하지 않습니다.

그러면 왜 어떤 사람은 병에 걸리고 어떤 사람은 안 걸릴까요?

이에 대해 의학계에서는 체질이나 면역력 차이 때문이라는 애매한 대답만 내놓았습니다. 개체의 저항력이 병에 걸리고 안 걸리고를 판가름하는 데 중요한 역할을 한다는 것이죠. 실제로 한 사람이 병에 걸리는 데에는 너무나도 다양한 요인들이 작용하기 때문에 현대의학에서도 정확한 병인을 찾는다는 것은 거의 불가능에 가깝습니다. 공기, 물, 계절, 빈곤 등 환경적 요인들도 병에 걸리는 중요한 원인이 되니까요.

세균은
다 나쁠까?

인류사는 세균과의 전쟁사라고 할 수 있을 정도로 인간은 오랫동안 세균과 싸워왔습니다. 인간의 피부에만 약 1조 마리의 세균이 살고 있죠. 매일 하루에 몇 번씩 샤워를 해도 사정은 크게 달라지지 않습니다. 인간의 피부는 세균에게 근사한 뷔페식당이나 다름없거든요.

세균은 피부뿐 아니라 소화기관에서도 삽니다. 그 수도 피부에 사는 경우보다 훨씬 많은 100조 마리에 달하죠. 인간이 가진 모든 세포의 수를 약 1경 개라고 하면 인체에 사는 세균의 수는 그보다 10배 정도 많습니다.

이쯤 되니 어쩌면 인간이 세균을 위해 사는 게 아닐까 하는 생각

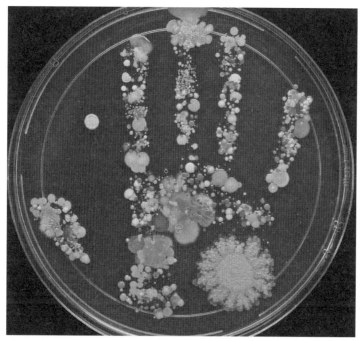

미국의 미생물학자 타샤 스텀이 만든 세균 핸드프린트

마저 듭니다. 실제로 지구상에서 가장 먼저 생겨난 생명체가 바로 세균입니다. 그런 의미에서 세균이 지구의 원주민이고, 훨씬 뒤에 등장한 인류는 세균 덕을 보고 사는 생명체라고 할 수도 있죠.

그렇다면 모든 세균이 인간의 적일까요? 그렇지 않습니다. 사실 세균의 상당수는 적대시할 이유가 없는 것들입니다. 우리 몸에 사는 세균 중 가장 많은 수를 차지하는 것은 몸속 쓰레기를 처리하는 부패균입니다. 부패균은 일종의 환경미화원이라고 할 수 있습니다. 도시에 환경미화원이 없다면 온 세상이 쓰레기로 넘쳐나서 쓰레기 썩는 냄새가 코를 찌르고 위생 문제로 곳곳에서 전염병이 돌겠죠. 부패균은 쓰레기 처리를 담당하는 대신 그 쓰레기 속에서 영양분을 섭취합니다. 결국 부패균과 인간은 공생관계에 있는 셈입니다. 한편 인간의 장 속에 사는 대장균은 우리에게 필요한 비타민을 합성해서 공급하는 역할을 합니다.

세균은 엄청난 속도로 분열합니다. 평균적으로 10분에 한 번씩 분열하는데 영양분이 충분히 공급되면 하루에 280회까지 증식할 수 있다고 합니다. 이렇게 증식된 세균들은 하나의 유전 정보를 공유하기 때문에 대개 비슷하지만, 100만 번 분열할 때마다 하나씩 돌연변이가 발생하기도 합니다.

세상을 바꾼
세균의 역사

어떤 질병은 파급력이 너무 강해서 종종 사회 혹은 세계 전체의 흐름을 바꿔놓기도 합니다. 천연두가 대표적인 경우죠. 이와 관련하여 『총, 균, 쇠』의 저자 재레드 다이아몬드는 찬란한 문명을 이루었던 잉카제국의 군대가 소수의 스페인 군대에 몰살된 원인을 천연두에서 찾았습니다. 침략자들이 들여온 천연두가 잉카제국 전역에 퍼진 탓에 잉카 군대는 싸워

보기도 전에 궤멸된 것이나 다름없었다는 이야기죠. 스페인 군인들은 어린 시절 천연두를 앓았거나 다른 이유 때문에 천연두에 면역력이 있었던 반면, 잉카 사람들은 그때까지 천연두에 한 번도 노출된 적이 없었기 때문에 어떻게 할 도리가 없었던 겁니다.

수많은 영유아들의 목숨을 앗아간 무서운 질병이었던 천연두를 치료할 수 있게 된 건 영국의 의사 에드워드 제너Edward Jenner가 종두법을 발견한 덕분입니다. 종두법이란 천연두에 걸린 소의 고름에서 균을 채취하여 인간에게 접종하는 방법입니다. 이때 처음 약화된 항원을 체내에 주입하여 면역력을 키우는 예방접종의 개념이 생겼죠. 그후 수많은 백신이 개발되어 전염병 예방의 길이 열렸습니다. 근대 의학의 위대한 시작이라고 할 수 있죠.

천연두 다음으로 유명한 것이 페스트입니다. 흑사병이라고도 불렸던 이 병은 쥐벼룩에 의해 전염됩니다. 노벨문학상 수상자인 알베르 까뮈Albert Camus가 『페스트』라는 소설에서 이 병이 창궐하던 시대를 잘 묘사했죠. 당시 페스트는 당장이라도 인류를 집어삼키고 세상을 멸망시킬 것처럼 보였습니다. 그런데 이 엄청난 질병이 이해할 수 없는 원인에 의해 저절로 소멸됐습니다. 아직도 페스트가 왜 갑자기 자취를 감췄는지는 밝혀지지 않았습니다.

콜레라균은 로베르트 코흐Robert Koch라는 독일 학자에 의해서 발견되었습니다. 코흐는 프랑스의 파스퇴르와 쌍벽을 이루었던 세균학자로 콜레라균, 탄저균, 결핵균에 대해 많은 연구 업적을 남겼습니다. 지금은 콜레라로 사망하는 경우가 거의 없지만 예전에는 콜레라가 굉장히 위험한 질병이었어요. 독일 철학자 헤겔이나 러시아 작곡가 차이콥스키도 콜레라로 목숨을 잃었다고 합니다.

성을 매개로 전파되는 질병 중에서 가장 유명한 것이 매독입니다. 널리 알려지진 않았지만 수많은 예술가들이 매독에 의해 사망했습니다. 매독의 증상은 다양해서 '흉측한 모습의 매독 환자를 보고 달아났다'는 말이 있을 만큼 외형적인 변화를 일으키기도 하고 어떤 때는 신경증으로 발현되기도 합니다.

매독과 관련된 재미있는 일화 중 하나는 매독을 부르는 명칭에 관한 것인데요. 매독은 영어로 시필리스syphilis이지만 영국에서는 흔히 프랑스병이라고 불렀습니다. 싫어하는 나라의 이름을 붙인 거죠. 같은 맥락에서 독일 사람들은 매독을 폴란드병이라고 했고, 폴란드 사람들은 이를 독일병이라고 불렀습니다.

현대에 들어 세균은 전쟁 무기로 사용되기도 했습니다. 이때 꼭 이야기해야 할 것이 이에 의해서 매개되는 병인 발진티푸스입니다. 1, 2차 세계대전 당시 전장에서 싸우다 죽은 사람보다 발진티푸스로 죽은 사람이 더 많았다고 하죠. 발진티푸스의 유행은 1차 세계대전 때 가장 심해서 사망자가 속출했습니다. 당시 상황을 상세히 묘사한 작품이 레마르크Erich. M. Remarque의 소설 『서부 전선 이상 없다』입니다.

실제로 일본군은 제2차 세계대전 중 만주의 실험실에서 발진티

중국 베이징에 배치됐던 일본의 세균전 부대 실험실

푸스를 비롯한 전염병을 연구하고 인체 실험을 했다고 알려져 있습니다. 중국인 포로들에게 발진티푸스균이 있는 빵을 배급하고, 감염된 포로들을 석방해서 중국 전체에 발진티푸스를 퍼트릴 계획이었다고 하죠. 다행히도 그 계획은 성공하지 못했습니다.

비슷한 예로 영국군은 탄저균을 무기로 쓰기 위해 2차 세계대전이 끝나기 전 무인도 하나를 탄저균 실험실로 만들었다고 합니다. 이때도 탄저균을 쓰기 전에 전쟁이 끝나 세균전 계획은 실패로 돌아갔지만요.

세균과 인간의
이상적인 기생 관계

　　　　　　　　일부 세균은 유익균으로 인간
과 공생 관계에 있습니다. 인간이 세균에게 필요한 영양분을 공급
하는 대신 세균은 인간에게 필요한 일을 하는 거죠. 사실 병을 일
으키는 세균도 인간을 영원한 안식처가 아니라 일시적인 숙주로
삼는 경우가 많기 때문에 숙주인 인간이 치명적인 상태에 빠지길
원하지 않습니다.

　그런 생각에서 나온 것이 이상적인 기생 관계라는 개념입니다.
우선 기생이란 한 생물이 다른 생물에 붙어 영양분을 얻어 사는 것
을 말합니다. 기생충이나 몸속 박테리아들은 모두 기생을 하고 있
죠. 기생체가 숙주와 맺는 가장 이상적인 관계는 물론 공생 관계입
니다. 서로가 서로의 필요를 충족시켜 주는 관계죠. 영원토록 서로
에게 이익을 주면서 공생 관계를 유지해 나갈 수 있으면 그게 가장
좋겠죠.

　치명적인 질병을 일으키는 세균들은 숙주를 위험에 빠뜨리기
때문에 공생한다고 볼 수 없습니다. 따라서 수많은 사람들을 죽음
으로 몰아넣었던 페스트나 콜레라 등은 좋지 않은 기생 관계의 예
라고 할 수 있겠죠. 다행히 우리 몸에 사는 대부분의 세균들은 인
체에 무해하거나 감기처럼 적당한 정도의 병을 일으키는 이상적
인 기생 관계를 맺고 있습니다.

항생제의 원리와
항암 치료

　　　　　　　　　　세균에 감염되면 항생제를 쓰죠. 알다시피 항생제는 페니실린에서부터 시작됐습니다. 교과서에는 영국의 세균학자 알렉산더 플레밍Alexander Fleming이 우연한 기회에 푸른곰팡이에서 페니실린을 발견했다고 쓰여 있죠. 하지만 플레밍은 푸른곰팡이가 세균을 죽인다는 사실을 알고 푸른곰팡이에서 페니실린을 추출한 데까지만 공이 있습니다.

　페니실린을 실제 치료에 사용한 사람은 하워드 플로리Howard Florey였어요. 플로리는 제2차 세계대전 때 폐렴에 걸려 죽을 위기에 처한 윈스턴 처칠에게 페니실린을 처방하여 목숨을 구해준 것으로도 유명하죠.

　서양의학이 동양의학보다 앞서게 된 것은 이 항생제를 개발한 이후부터입니다. 산업혁명 이후 현미경을 통해 세균의 성상을 밝히고 세균을 죽이는 항생제를 개발함으로써 감염성질환을 제어하기 시작한 것이 기점이었습니다. 결국 서양의학의 승리는 세균과의 전쟁에서 어느 정도 승리했기 때문입니다.

　항생제가 개발된 후로 대부분의 감염성질환이 제어됐다고 생각했으나 근래에 조류독감이나 신종플루 등 알 수 없는 괴질이 많이 발생하여 우려를 낳고 있습니다.

　항생제의 기본 원리는 인간세포와 세균의 차이를 구별하여 인

푸른곰팡이에서 페니실린을 발견한 알렉산더 플레밍

간세포에는 해를 입히지 않고 세균만 죽이는 것입니다. 같은 원리로 인간의 정상세포와 암세포의 차이를 구별하면 항암치료제를 개발할 수 있겠지요. 실제로 지금까지 만들어진 항암제는 대부분 항생제의 원리를 토대로 만든 것입니다. 하지만 항생제가 90퍼센트의 세균을 죽이고 인간세포에는 5퍼센트 정도만 해를 끼치는데 비해, 항암제는 아무리 좋은 것이라도 90퍼센트의 암세포를 죽이면서 정상세포도 40퍼센트가량 죽입니다. 아직까지 정상세포와 암세포의 차이를 확실히 구분해서 작용하는 약물을 못 만들었기 때문입니다. 거꾸로 말하면 인간의 정상세포와 암세포가 여러 면에서 비슷하기 때문에 둘을 구분하기 어렵다는 거죠. 암세포를 죽이려면 정상세포도 그만큼 죽여야 하기 때문에 아직도 암을 정복하지 못한 것입니다.

한국의 암 진단 후 5년 생존율은 50퍼센트가 넘습니다. 굉장한 결과죠. 어떻게 이런 진보가 이루어졌을까요? 그건 항암제가 발전 해서가 아니라 건강검진 등을 통해 암을 조기에 발견하고 적당한 조처를 취할 수 있게 됐기 때문입니다. 암을 조기에 발견한 덕분에 수술로 암조직을 떼어낼 수도 있고 건강을 악화시키는 나쁜 생활 습관을 고칠 시간적인 여유도 생겼죠.

항생제는 세균뿐 아니라 인간세포에도 작용하기 때문에 반드시 의사의 처방을 받아서 사용해야 합니다. 절대로 오용하거나 남용 해서는 안 됩니다. 물론 우리나라 병원의 항생제 사용률이 다른 선 진국에 비해 굉장히 높고, 무심코 먹는 식품 중에도 항생제를 써서 기른 것이 많습니다. 우리는 이미 생각보다 많은 양의 항생제를 섭 취하고 있는 것이죠. 그 때문에 항생제에 대한 내성도 계속해서 높 아지고 있고요. 하지만 다행하게도 과학자들이 계속 새로운 항생 제를 개발하고 있습니다. 마치 세균과 경주라도 하는 것처럼 말입 니다.

침입자 처치는
면역계에서

우리 몸을 외부의 위협에서 지

키는 방위시스템을 면역계라고 부릅니다. 면역계의 임무는 세균이나 바이러스, 기생충 등 몸에 해로운 물질을 죽이거나 내보내는 것이죠. 이때 세균, 바이러스 등의 외부 인자들을 항원이라고 부릅니다. 우리 몸은 항원을 적으로 인식하기 때문에 항원에 대응하는 방위시스템을 발동시키는데, 그것이 바로 면역입니다.

여러 항원 가운데 가장 큰 문제는 세균이 아니라 바이러스입니다. 바이러스는 세균에 비해 크기가 훨씬 작습니다. 세균은 우리 몸속에서도 살고, 필통 속에서도 살고, 공기 중에도 살지만 바이러스는 오직 살아있는 생명체의 세포 속에서만 증식할 수 있습니다. 게다가 바이러스를 직접 죽이는 항생제는 아직 없습니다. 감기 치료가 어려운 것도 그 때문이죠. 몸이 감기 바이러스를 이길 때까지 기다리는 것 외에는 방법이 없습니다. 감기에 걸렸을 때 할 수 있는 처치라곤 2차 세균 감염이 일어나지 않도록 항생제를 투여하거나 몸의 기운을 돋울 수 있게 영양분을 더 공급하는 것 정도가 전부입니다.

면역은 면역력을 얻는 방법과 과정에 따라 능동면역과 수동면역으로 나뉩니다. 능동면역은 흔히 알고 있는 예방접종으로, 주사를 통해 약화된 항원을 들여와 체내에 항체가 생기도록 유도하는 방법입니다. 드문 경우이긴 하지만 가끔 몸이 너무 약해진 탓에 주입된 항원을 이겨내지 못하고 그 병에 걸리는 경우도 있으므로 주의해야 합니다. 반면 수동면역은 항체를 주입하여 균과 맞서 싸울

아군을 늘리는 방법입니다. 하지만 이 방법으로는 면역력이 오래 지속되지 못하기 때문에 임시방편 정도로만 사용할 수 있습니다.

몸을 지키는
3단계 방위시스템

면역계에는 3단계의 방어선이 있습니다. 1차 방어선은 피부와 점막입니다. 점막은 구강이나 코, 위, 장 등 몸의 내강을 감싸는 피부막을 말하죠. 1차 방어선인 피부와 점막은 세균이 몸속으로 들어오는 것을 기계적으로 막는 역할을 합니다.

2차 방어선은 결사대처럼 목숨을 걸고 세균의 침입을 저지하는 시스템으로, 백혈구나 대식세포 등이 여기에 해당합니다. 이때 죽은 2차 방어대가 모인 곳이 바로 고름입니다. 고름에는 죽은 백혈구나 대식세포 등이 박테리아와 섞여 있죠. 이 경우는 국지전으로 적을 물리친 것에 해당합니다.

2차 방어선이 뚫리면 세균이 몸 전체로 퍼져 증세가 심각해집니다. 이때는 3차 방어선인 면역세포와 항체가 우리 몸을 지킵니다. 3차 방어선을 담당하는 면역반응은 상당히 복잡합니다. 면역을 담당하는 세포는 크게 두 가지 종류가 있는데, 하나는 T세포이고 다른 하나는 B세포입니다. T세포는 백혈구나 대식세포처럼 세균과 직접 싸우고, B세포는 면역 항체를 만들어 세균과 싸우게 합니다.

대개의 감염성질환은 이 세 단계에서 차단되지만 3차 방어선까지 무너지면 전신으로 염증이 퍼집니다. 대표적인 전신 염증 반응이 패혈증입니다. 패혈증은 혈액이 모두 세균에 감염된 상태입니다. 즉시 항생제나 항체를 투여하지 않거나 항생제로 치료할 수 없을 경우 대개 사망하게 됩니다.

위험한 면역
장기이식과 에이즈

외부의 침입에서 우리를 지키는 면역반응은 항상 이롭기만 할까요? 그렇지는 않습니다. 때로는 면역반응이 우리를 위험에 빠뜨리기도 하죠.

대표적으로 장기이식의 경우가 그렇습니다. 면역계는 외부에서 들어온 것은 무조건 공격하기 때문에 다른 사람의 조직인 장기도 공격의 대상이 됩니다. 이런 것을 면역 거부반응이라고 하죠. 이 때문에 장기이식을 할 때는 조직 항원성, 즉 우리 몸이 남의 것으로 보고 공격하려는 성향이 덜한 조직을 찾으려고 애를 씁니다.

그래도 인체의 면역반응을 피할 수 없기 때문에 장기이식을 한 다음에는 반드시 면역 거부반응을 줄여주는 면역 억제제를 투여해야 합니다. 그러지 않으면 이식된 새 장기가 면역계에 공격받아

죽을 수도 있기 때문이죠. 하지만 면역반응이 억제되었다는 말은 곧 세균과 바이러스 등 항원에 대한 반응이 약화됨을 의미합니다. 때문에 장기를 이식받은 사람들에게 가장 큰 문제는 감염성질환입니다. 그중에서도 감기가 가장 무섭죠.

한편 외부에서 들어온 물질이라도 췌장 등에서 분비된 효소에 의해 소화되어 위와 십이지장, 소장에서 흡수된 영양분은 면역 거부반응을 일으키지 않습니다. 하지만 간혹 소장도 실수를 하기 때문에 이상한 구조의 물질이 흡수될 때가 있어요. 이 경우에는 바로 거부반응이 나타납니다. 상하거나 오염된 음식을 먹으면 몸에 두드러기가 날 때가 있는데 그게 바로 그런 경우입니다.

정상인에서는 볼 수 없지만 드물게 자신의 조직세포에 항원성을 나타내어 면역반응이 일어나는 자가면역질환이 있습니다. 제 것을 남의 것으로 인식하여 자기 조직을 파괴하는, 치료가 아주 어려운 질병입니다. 이 경우 면역력을 떨어뜨리는 것 말고는 특별한 치료법이 없습니다. 류머티즘, 전신 홍반성낭창 등이 여기에 해당합니다.

아군과 적군을 잘 구별하지 못하면 적군이 쉽게 침입해 들어오겠죠. 그런 경우가 바로 면역결핍증입니다. 면역력이 현저히 떨어진 상태인데 이는 선천적으로 그런 경우도 있고, 후천적으로 생기는 경우도 있습니다. 후천성 면역결핍증 가운데 가장 많이 알려진 것이 HIV 바이러스에 의해 일어나는 에이즈AIDS입니다. 다행히 에

이즈는 다양한 치료법이 개발되어서 현재는 꽤 오랫동안 생명을 연장할 수 있는 상태까지 왔습니다.

현대인의 최대 관심사
알레르기와 아토피

면역 기능이 떨어진 것만 문제가 되는 게 아니라 면역력이 과민해도 문제가 됩니다. 가장 대표적인 것이 알레르기입니다. 꽃가루 알레르기, 먼지 알레르기 등 다양한 알레르기가 있죠. 이것들은 모두 면역반응이 정상보다 더 예민해서 생기는 증상들입니다. 알레르기 반응에는 증상이 즉시 나타나는 경우도 있고 천천히 나타나는 경우도 있습니다.

알레르기 가운데 가장 대표적인 것이 꽃가루 날리는 봄철에 흔히 발생하는 화분증입니다. 한국은 다른 나라에 비해 화분증 발생이 적은 편입니다. 우리나라 인구의 대부분은 도시에 거주하는데 도시에는 꽃가루가 많지 않기 때문이죠. 그러니 화분증으로 고통받는 사람들에게는 한국이 살기 좋은 나라입니다.

이 밖에 알레르기 유발 물질로 많이 알려진 것이 진드기입니다. 진드기는 침대, 이불, 베개 할 것 없이 집안 곳곳에 있습니다. 아무리 세탁을 자주하고 주변을 깨끗하게 유지해도 진드기를 피할 수는 없습니다. 불편해도 같이 사는 수밖에 없죠.

해바라기, 나팔꽃, 백합 등 다양한 식물의 꽃가루

　요즘은 어떤 인자가 알레르기를 일으키는지 원인을 찾는 검사를 많이 합니다. 이를 통해 원인 물질을 찾고 알레르기를 완전히 치료하기도 하죠. 하지만 원인을 못 찾거나 찾아도 치료가 어려울 때는 불편하더라도 알레르기와 더불어 사는 수밖에 없습니다.

　최근 어린이들 사이에서 많이 발생하는 질환이 아토피입니다. 예전에는 없던 화학물질에 자주 노출되다보니 과민반응이 일어난 거죠. 아토피는 피부 반응, 호흡기 반응 등 여러 가지로 나타날 수 있습니다. 문명이 발달할수록 이런 병들이 점점 더 많아지겠죠.

　기관지에 심한 경련이 일어 숨을 내쉬기 힘들어지는 병인 기관지천식도 증가하는 추세입니다. 심하면 호흡하지 못하고 죽을 수

기관지천식을 앓았던 소설가 마르셀 프루스트

도 있는 무서운 병이지요. 기관지천식 역시 아토피와 마찬가지로 합성 화학물질과 공해 물질 때문에 생깁니다. 프랑스의 유명한 소설가 마르셀 프루스트Marcel Proust는 기관지천식 때문에 거의 평생을 밖에 나가지 못하고 방에서만 살았다고 합니다. 그런데 요즘은 오염 물질이 밖이 아니라 방에 있죠. 새집증후군 같은 병도 있고요. 더이상 어디도 안전하지 않게 되어버렸습니다.

만병의 근원
스트레스

스트레스와 면역체계는 아주 밀접한 관계를 가지고 있습니다. 흔히 스트레스 지수가 높으면 내분비기관의 기능에 이상이 생기고 면역력이 떨어진다고 하죠. 또 짧은 시간에 큰 스트레스를 받으면 자율신경계의 조절 기전이 제대로 작동하지 못해 심혈관, 호흡, 소화, 비뇨기 및 생식 기능에 영향을 미치기도 합니다. 이를 자율신경실조증이라고 하죠.

머리가 동그랗게 빠지는 원형탈모증도 대표적인 스트레스성 질환입니다. 입시생들에게 흔한 질병이죠. 갑자기 귀가 안 들리는 돌발성 난청도 스트레스가 원인인 경우가 많습니다. 시험 때만 되면 종일 설사를 하거나 반대로 심한 변비에 시달리는 경우가 있죠. 과민성대장증후군 증상인데요. 이것 역시 스트레스에 의해 생기는 병입니다.

예전에는 여성들이 갑작스럽게 '앉은뱅이'가 되는 경우가 많았습니다. 실제로 많은 여성들이 똑바로 서지 못하고 앉거나 쪼그린 채 걸어 다녔죠. 물론 결핵성척추염 같은 척추질환이 원인인 경우도 있지만 특별한 원인이 없는 경우도 흔했습니다. 여성들이 대부분 그런 경우였죠. 왜 그랬을까요? 나중에 밝혀진 사실이지만 여성들이 앉은뱅이가 된 중요한 원인 중 하나는 고된 시집살이에서 온 스트레스였습니다. 다행히 요즘에는 스트레스로 하반신에 장애가 생기는 경우는 거의 없다고 합니다.

　스트레스 관련 질환의 문제는 스트레스를 객관화해서 이야기할 수 없다는 것입니다. 특정한 자극을 스트레스로 느끼고 안 느끼고는 개인에게 달려있으니까요. 흥미롭게도 정치가들은 스트레스에 둔감하기 때문에 오래 산다고 합니다. 웬만한 자극은 자극으로 받아들이지 않는 거죠. 물론 그들의 일거수일투족이 국민에게 큰 스트레스를 줄 수 있음은 논외로 합시다. 어쨌거나 스트레스의 크기 및 빈도와 스트레스 감수성이 수명과 직접적으로 연관된다고 하니 모두들 스트레스 관리에 각별히 주의해야겠습니다.

2

우리 몸의 뼈대
피부, 골격, 근육

여기서 다룰 내용은 피부와 근육, 골격에 대한 것입니다. 최근에 많은 관심을 받는 것들이지요. 실제로 요즘은 남녀노소 할 것 없이 많은 사람들이 피부를 가꾸고 근육을 키우는 데 열심입니다. 특히 예전에는 의사들 사이에서 별 인기를 끌지 못했던 피부과가 최근에는 크게 각광받고 있죠.

그간 피부과가 의사들에게 외면 받아왔던 이유는 피부병 치료가 어려웠기 때문입니다. 단순한 증상의 경감 말고는 의사가 할 수 있는 일이 별로 없었거든요. 요즘 수많은 엄마들을 근심하게 하는 아토피가 그렇듯이 말입니다. 게다가 피부 치료에 사용하는 약도 서너 가지뿐이어서 의사들 입장에서는 영 재미가 없었습니다.

최근에는 사람들이 피부과를 찾는 목적이 치료에서 미용으로 옮겨왔죠. 그 덕분에 피부과가 인기를 얻게 됐고요. 어찌됐든 이

장에서는 그 피부 이야기를 하려고 합니다. 그런 다음 피부 아래의 뼈와 거기에 붙은 근육에 대해 살펴보겠습니다.

피부는
장기일까?

　　　　　　　　우리 몸은 세포와 단백질로 이루어진 보호막에 둘러싸여 있습니다. 외부의 위협에서 몸을 지키는 갑옷이자 체온 조절장치이며, 육체의 고통과 쾌감이 전달되는 관문 역할을 하는, 인체에서 가장 큰 기관인 피부가 바로 그것이죠.

피부를 장기로 분류할 수 있는가에 대해서는 이견이 있습니다. 대개는 피부를 장기에 포함시키지 않지만 피부의 크기나 역할은 장기로 분류하기에 모자람이 없습니다. 피부의 두께는 수밀리미터에 불과하지만 무게는 4~5킬로그램, 표면적은 약 1.6제곱미터나 됩니다. 인간의 장기 가운데 가장 크고 무거운 것이 간인데, 간의 무게는 최대 1.7킬로그램 정도밖에 안 됩니다. 그에 비하면 피부는 크기와 무게가 엄청난 기관인 셈입니다.

피부세포의 수명은 대략 한 달 정도입니다. 피부의 가장 바깥쪽에 위치한 표피에서 세포가 생성되고 떨어져 나가기를 반복하죠. 죽은 피부입자는 허물을 벗듯 시시각각 떨어져 나갑니다. 한 시간에 떨어지는 피부입자만 무려 60만 개에 달합니다. 이것들이 집면

지의 80퍼센트를 차지하고, 1년 동안 떨어진 피부입자를 모으면 무려 680그램이나 됩니다. 하지만 피부 아래에 있는 세포들이 끊임없이 분열하여 죽은 세포를 대체하기 때문에 세포의 수를 유지하는 데는 아무 문제 없습니다.

피부의
다양한 기능

피부는 외부로부터 우리 몸의 여러 장기를 보호합니다. 피부를 통해 느끼는 촉각, 압각, 온각, 냉각, 통각도 우리 몸을 보호하는 데 중요한 역할을 하지요.

수많은 혈관과 신경들이 피부와 닿아 있습니다. 신경의 밀도가 높은 곳은 감각이 더 예민한데 손과 발, 혀와 입술이 그렇습니다.

또 피부는 땀을 비롯한 여러 가지 물질을 분비하고 흡수합니다. 그 덕분에 먹거나 주사할 수 없는 약이나 오랫동안 투여해야 하는 약품은 패치 형태로 피부에 붙여서 흡수시키기도 합니다.

피부는 비타민 D 합성에 중요한 역할을 합니다. 피부가 햇빛을 받아 비타민 D를 만들고 이를 우리 몸에 공급하거든요. 요즘에는 자외선 차단을 위해 어떻게든 햇빛을 피하려고 하지만, 건강을 위해 어느 정도는 햇빛을 쬘 필요가 있습니다. 특히 아침 햇살을 받는 게 좋다고 합니다.

뇌가 인식하는 인간의 신체 부위를 표현한 호문쿨루스(Homunculus)

피부는 체온을 적정한 수준인 37도로 유지하는 기능도 맡고 있습니다. 그 덕분에 우리가 생명을 유지할 수 있죠. 심장에서 나오는 피는 3분의 1이 피부로 이동하는데, 체온이 너무 높으면 혈관이 팽창하면서 열을 방출합니다.

하지만 이것만으로 부족할 때도 있습니다. 운동을 하면 체온이 정상보다 많이 상승하기 때문입니다. 이때 피부에서 작동하는 냉각 장치가 있습니다. 바로 땀입니다. 피부 전체에 퍼진 땀구멍에서 땀이 배출되는데, 뜨거운 땀방울이 증발하면서 몸을 식혀줍니다. 이마, 손바닥, 겨드랑이에 땀샘이 많은 것은 그곳이 몸에서 가장 뜨거운 부위이기 때문입니다.

만약 땀샘이 없으면 어떻게 될까요? 실제로 땀샘이 없는 동물이 있는데 개가 그렇습니다. 개들이 여름에 혀를 내밀고 헉헉거리는 것은 혀를 통해 체온을 조절하려는 것입니다. 땀을 흘리면 간단한데 굉장히 귀찮은 일이죠.

한편 특정 부위에 비정상적으로 땀이 많이 나는 사람들이 있죠. 그런 사람은 수술을 비롯한 여러 가지 방법으로 치료를 합니다. 그런데 다 나았다고 생각하면 얼마 있다가 다른 부위에서 땀이 나기 시작합니다. 왜 그런 현상이 나타나는지는 아직 밝혀지지 않았습니다. 앞으로 풀어가야 할 숙제죠.

한편 추운 겨울에는 여름과 정반대 상황이 일어납니다. 몸이 피부에 있는 혈관을 수축시켜서 열손실을 최소화하죠. 추위에 노출되면 미세근육이 체모 주변의 근육을 부풀려 체모를 잡아당기는데 이걸 소름이라고 합니다. 또 추위가 심하면 몸을 떨죠? 몸이 떨리는 것은 근육이 열을 생산하기 위해 움직이는 것입니다. 생존을 위해 필수적인 반응이라고 할 수 있죠.

세균의
뷔페식당 피부

피부는 얼핏 매끄러워 보이지만 자세히 확대해보면 죽은 세포와 울퉁불퉁한 구멍으로 가득합니다. 이를 좀더 확대하면 피부에 사는 수만 마리의 세균이 보일 겁니다. 아무리 손을 깨끗이 씻어도 세균에서 자유로울 수는 없습니다. 인간의 피부는 세균에게 수많은 먹거리를 제공하는 근사한 뷔페식당이나 다름없고, 세상은 세균으로 가득 차 있으니까요.

다행히 피부는 외부 손상이나 세균의 침입에 효율적으로 대처하는 능력을 가지고 있습니다. 피부에 난 상처가 쉽게 아무는 것도 그 덕분입니다.

한편 피부가 재생되는 데 걸리는 시간은 정확하게 나이와 비례합니다. 가령 10대에는 하루면 낫는 상처가 20대에는 이틀, 30대에는 사흘, 40대에는 나흘이 걸리는 식이죠. 이는 노화에 따른 자연스러운 반응입니다.

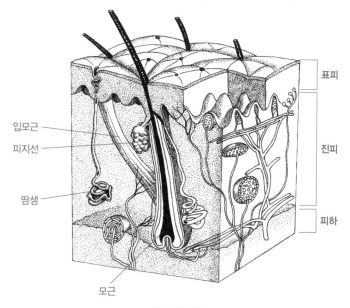

입모근

피지선

땀샘

모근

표피

진피

피하

피부의 구조

피부의 부속기관에는 체모, 손발톱, 피지선, 땀샘, 피하조직 등이 있습니다. 피부세포의 일부는 체모를 만드는 모낭을 형성하는데, 피부에 있는 모낭의 개수는 500만 개나 된다고 합니다. 이곳 모낭에서 새로 만들어진 체모세포는 오래된 세포를 밀어냅니다. 이로써 모공 밖으로 나온 체모, 즉 우리가 털이라고 부르는 것들은 이미 죽은 세포입니다. 머리를 자르거나 수염을 밀 때 아픔을 느끼지 않는 이유가 그 때문이죠.

피부 색깔은
어떻게 결정될까?

피부의 색깔은 멜라닌을 얼마큼 분비하는지에 따라서 결정됩니다. 흑인은 멜라닌을 많이 분비하고 백인은 적게 분비하죠. 그건 왜 그럴까요? 이는 인종의 유전적 차이 때문이 아니라 후천적으로 습득된 형질이 유전되기 때문입니다. 그중에서도 외부 자극, 특히 햇빛 때문에 그렇습니다. 그래서 햇빛이 강한 적도 근처에 사는 사람은 피부가 까맣고, 북극이나 남극으로 갈수록 색이 연해집니다.

마찬가지로 머리카락의 색깔도 적도에 가까울수록 까맣고 멀어질수록 연해져서 금발이나 은발이 됩니다. 파란색, 초록색, 갈색 등 눈동자의 색깔도 멜라닌 색소의 영향을 받습니다.

흥미로운 것은 인간의 키도 햇빛과 관련이 있다는 것인데요. 햇빛이 적은 지역 사람들이 키가 크고, 적도 근처로 갈수록 사람들의 키가 작아진다고 합니다. 나무를 떠올리면 쉽게 이해할 수 있을 거예요. 나무를 빽빽하게 심으면 햇빛을 보기 위해서 키가 커지는 반면, 드문드문 심으면 키가 크지 않아도 햇빛을 받을 수 있기 때문에 성장이 더딥니다. 하지만 이런 경향은 수만 년 아니 수십만 년 동안 축적된 결과이기 때문에 지금 당장 햇빛을 많이 받는다고 키가 크는 것은 아닙니다.

생활 환경뿐 아니라 건강 상태나 섭취한 음식물 등도 피부 색깔에 영향을 미칩니다. 일례로 몸에 좋다고 당근을 과하게 먹는 사람이 있어요. 그러면 어떻게 되느냐? 얼굴과 손바닥이 노래집니다. 당근에는 비타민 A의 전구물질인 카로틴이 들어있는데 이것을 너무 많이 섭취하면 피부색이 노랗게 변하거든요.

담즙 성분의 하나인 빌리루빈의 혈중 농도가 올라가도 피부와 안구가 노래집니다. 이런 증상을 황달이라고 하죠. 간염 환자나 신생아가 주로 황달 증세를 보입니다. 한편 혈액에 산소가 부족하면 피부색이 파래집니다. 이를 청색증이라고 부르는데 특히 얼굴이 파랗게 변합니다.

무좀에서 화상까지, 지긋지긋하거나 치명적이거나

여름철에 많이 생기는 무좀은 곰팡이에 의해서 생기는 질병입니다. 무좀은 한 번 생기면 완전히 치료되지 않고 계속 재발하는 것이 특징입니다. 그 이유는 곰팡이가 완전히 없어지지 않고 남아있다가 땀이 나서 습한 상태가 되면 다시 번식하기를 반복하기 때문입니다.

입술 주변에 생기는 물집은 의학용어로 구순포진이라고 부릅니다. 구순포진은 바이러스에 감염되어 생기는 병으로 평소에는 조용히 잠복하고 있다가 감기에 걸리거나 피로할 때, 즉 면역력이 떨어진 상태에서 신경을 타고 내려와 물집을 만듭니다. 안타깝게도 이 바이러스는 항생제로 치료되지 않습니다. 마땅한 치료법이 없는 것이죠. 늘 건강한 상태를 유지하는 것이 구순포진 바이러스의 번식을 막는 유일한 방법입니다.

접촉성피부염, 아토피성피부염, 건선 등 피부병은 그 종류가 무척 다양합니다. 그중 붉은 반점이 생기거나 각질이 비늘처럼 일어나는 것이 특징인 건선은 북유럽 고위도 지역 사람들에게 주로 생깁니다. 그래서 햇빛과 관계있다고 생각되죠.

피부와 관계된 가장 큰 응급상황은 화상입니다. 다른 장기가 모두 정상이라도 피부가 일정 수준 이상 화상을 입으면 생명을 잃게 됩니다. 따라서 심한 화상을 입었다면 바로 응급실로 가야 합니다.

그러면 화상의 진단은 어떻게 할까요? 화상을 진단하는 데는 특별한 원칙이 있는데요. 9의 법칙이 바로 그것입니다. 우리 몸의 표면적을 9퍼센트, 혹은 그의 배수로 표현하는 방식이죠. 여기에 따르면 머리와 얼굴 목 등은 9퍼센트, 몸통의 앞뒤는 각각 18퍼센트, 팔이 9퍼센트, 다리가 좌우 각각 18퍼센트입니다. 그리고 남은 1퍼센트는 생식기 주변이 됩니다. 이것을 기초로 우리 몸의 몇 퍼센트가 화상을 입었다고 판단합니다.

부정적인 이미지에 가려진
뼈의 엄청난 역할

지금껏 뼈는 대개 부정적인 모습으로 그려져 왔습니다. 뼈는 삭막함과 창백함, 그리고 죽음을 떠올리게 하죠. 또 '뼈에 사무친다'는 표현에서 알 수 있듯 뼈는 마음의 가장 깊은 곳을 상징하기도 합니다.

인간의 몸은 공학적으로 잘 설계된 206개의 뼈로 이루어져 있습니다. 뼈는 우리 몸에서 굉장히 중요한 역할을 하죠. 우선 주요 기관을 보호하고 몸의 형태를 잡아주는 역할을 합니다. 뼈가 없다면 우리 몸은 허물어지고 말 겁니다. 뼈는 또 체중을 지탱합니다. 뼈는 체중의 1퍼센트 정도로 상당히 가볍지만 체중의 20배까지 지탱할 정도로 강하죠. 몸에 필요한 혈구세포를 만들고 몸을 움직일 뿐 아니라 무기질, 칼슘과 인의 저장고로 기능하는 것도 모두 뼈의 역할입니다. 근육이 힘을 낼 수 있는 것도 힘줄이 무언가에 단단히 고정되어 있기 때문인데 그 고정점이 바로 뼈입니다.

요즘은 다양한 매체를 통해 뼈 모양을 자주 접하지만 예전에는 살아있는 사람의 뼈를 본다는 건 불가능한 일이었습니다. 생체의 뼈 사진이 처음 공개된 건 1895년, 독일의 뢴트겐이 아내의 손을 촬영하면서부터였습니다. 엑스선을 발견한 것이죠. 그후 오랜 시간이 흐르면서 뼈의 형태와 구조에 대한 연구가 상당히 진척되었습니다.

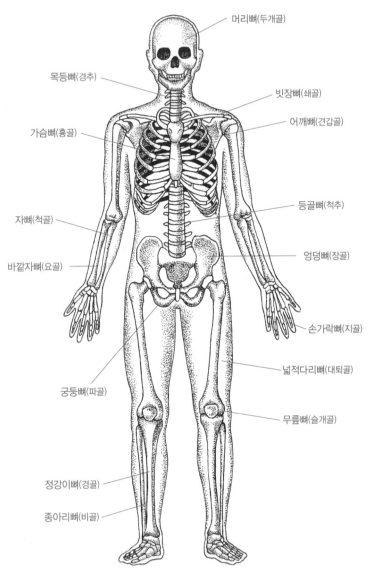

머리뼈(두개골)

목등뼈(경추)

빗장뼈(쇄골)

어깨뼈(견갑골)

가슴뼈(흉골)

등골뼈(척추)

자뼈(척골)

엉덩뼈(장골)

바깥자뼈(요골)

손가락뼈(지골)

궁둥뼈(파골)

넓적다리뼈(대퇴골)

무릎뼈(슬개골)

정강이뼈(경골)

종아리뼈(비골)

인체 골격도

골수는 뼈 중심부에 있는 조직으로 적혈구와 백혈구를 만들어 몸 전체로 공급합니다. 골수를 제외한 뼈는 두 가지 물질로 구성되어 있는데요. 인산칼슘과 콜라겐이 그것입니다. 이 두 물질의 만남은 그야말로 환상의 조합입니다. 콜라겐이 없었다면 뼈는 유리처럼 깨지기 쉬웠을 것이고, 인산칼슘이 없었다면 뼈는 고무처럼 흐물거렸을 겁니다.

마술 같은
재생력을 지닌 뼈

뼈는 가벼워서 움직이기 쉽지만 강도가 강합니다. 게다가 평생 지속되는 재생력도 가지고 있죠. 태권도 선수가 단단한 송판을 격파할 수 있는 것도 뼈의 이 같은 적응력 덕분입니다. 엄청난 양의 충격을 흡수하는 체조선수들의 뼈도 마찬가지입니다. 게다가 뼈는 유연성 있는 관절로 연결되어 있어 다양한 동작이 가능합니다. 무릎부터 손가락까지 약 187개의 관절이 있는데, 이것 덕분에 상하 전후좌우의 직선운동과 회전운동이 가능합니다.

뼈 건강은 자세와 밀접한 관련이 있습니다. 그러므로 젊을 때부터 바른 자세를 유지하는 게 좋습니다. 요즘은 사람들이 컴퓨터 스크린 앞에서 많은 시간을 보내고 있죠. 등을 구부정하게 구부리고

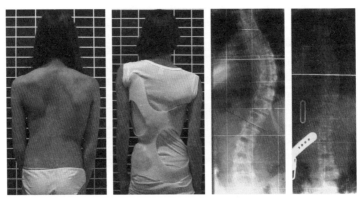

척추가 옆으로 휜 척추측만증 환자의 엑스선 사진

목을 앞으로 쭉 내밀고 한 손으로는 마우스를 쥡니다. 그런 자세는 뼈 건강에 매우 좋지 않습니다. 목과 어깨, 허리에 무리를 주기 때문이죠.

척추 신경은 척추를 통해서 지나가기 때문에 척추가 약간 어긋나거나 삐져나오면 격심한 통증이나 마비 증세가 올 수 있습니다. 척추 손상을 자주 일으키는 스포츠들이 있죠. 대표적인 것이 미식축구입니다. 미식축구를 하다보면 목에서 척추가 어긋나는 상황이 발생하기도 하고, 심한 경우에는 하반신 마비까지 오기도 합니다. 경기를 보는 사람들은 좋지만 운동선수들은 목숨을 걸고 운동하는 거죠.

척추가 전후좌우로 휘는 경우도 흔합니다. 척추측만증이나 척추전만증 같은 병명을 들어보셨을 거예요. 정상적인 척추의 형태는 완만한 S자인데 오랜 시간 나쁜 자세로 있으면 척추에 이 같은 이상이 생길 수 있습니다. 따라서 항상 척추를 곧게 유지하고 적당한 휴식과 운동을 해줘야만 척추 이상을 예방할 수 있습니다.

뼈는 일생 동안 재생된다고 했지만 나이가 들면 재생력이 떨어집니다. 특히 폐경기 이후의 여성의 경우 뼈의 무기질과 단백질이 줄어들어 뼈조직이 엉성해지는 골다공증이 많이 생깁니다. 정도는 덜하지만 남자도 예외는 아닙니다. 골다공증에 걸리면 뼈에 구멍이 생겨 수숫대 같은 상태로 변합니다. 이 경우 가볍게 넘어지기만 해도 골절이 생기죠. 그러므로 나이가 들수록 골절에 각별히 유의해야 합니다. 뼈가 한번 부러지면 다시 붙는 데까지 오랜 시간이 걸리기 때문입니다.

허리, 무릎, 어깨…
통증의 원인은 관절

관절은 뼈와 뼈가 맞닿아 연결되는 부분을 말합니다. 뼈끼리 직접 이어지는 것이 아니라 연골 조직을 통해 접촉합니다. 연골 사이에 있는 관절낭이 움직임을 원활하게 하는 윤활유를 배출하죠. 그런데 나이가 들면 뼈의 관절 부분이 마모되고 약화되어 삐걱거리게 됩니다. 연골층이 거의 닳아서 뼈가 맞닿는 상황이 되는 것이죠. 이 경우 많은 사람들이 관절통을

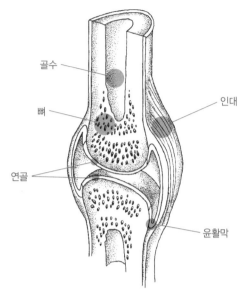

관절의 구조와 형태

호소합니다. 또 연골층이 없어지면 뼈가 내려앉기 때문에 나이가 들면서 점차 키가 줄어듭니다.

관절은 과체중으로 과부하가 걸리거나 과도하게 사용할 경우, 운동이나 기타 손상에 의한 뒤틀림 등으로 장애가 생기는 경우가 많습니다. 운동 부하가 잦은 경우에는 무릎관절 손상이 많고, 과체중의 경우에는 무릎관절 및 고관절에 문제가 많이 생깁니다. 마라톤은 특히 무릎관절에 좋지 않고 나이든 사람에게는 등산도 큰 부담이 됩니다. 오르막보다는 내리막 경사가 더 나쁩니다. 종종 상행 에스컬레이터는 운행이 되는데 하행 에스컬레이터는 없거나 운행이 중단된 경우를 봅니다. 이는 나이든 사람의 무릎관절을 전혀 고려하지 않은 조처입니다.

쉰 언저리가 되면 어깨를 위로 들지 못하는 상황이 벌어지는데 동양에서는 이를 오십견이라고 부릅니다. 이 질환은 주로 관절 근육계의 장애 때문에 생깁니다. 허리가 아픈 요통은 원인이 다양하지만 기본적으로 척추관절의 장애로 생기는 경우가 많습니다. 이 외에도 류머티즘, 인대 관절낭의 파열, 염좌, 관절의 뒤틀림, 인대가 늘어나거나 파열된 경우 등이 관절과 관련된 질병입니다.

근육에도
종류가 있다!

근육을 영어로 머슬muscle이라고 하죠. 이 말의 어원은 쥐를 뜻하는 라틴어 무스쿨루스musculus에서 나왔습니다. 활발하게 움직이는 쥐에서 유래했기 때문인지 머슬이라는 단어에는 움직임이나 운동이라는 뜻도 있습니다.

일반적으로 근육이라고 부르는 것은 뼈에 붙어 있는 근육, 즉 골격근을 말합니다. 골격근은 내 의지에 따라 움직이는 수의근隨意筋입니다. 심장이나 위장관의 근육은 우리의 의지대로 움직이지 않기 때문에 불수의근이라고 하고요. 그래서 심장은 마음대로 멈추거나 뛰는 속도를 조절할 수 없지만 팔이나 다리는 원하는 대로 움

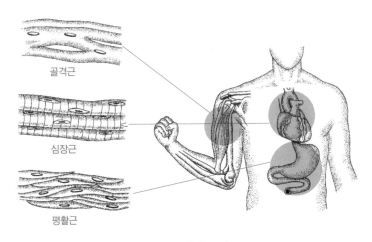

근육의 종류와 쓰임

직일 수 있는 것입니다.

수의근을 마음먹은 대로 움직이려면 해당 근육이 반드시 뇌와 신경으로 연결되어 있어야 합니다. 그래서 말초신경에 손상을 입은 경우에는 수의근을 뜻대로 움직일 수 없습니다. 다행히 말초신경은 재생이 되지만 재생 속도가 상당히 느립니다. 또 재생 거리가 멀면 신경이 원래대로 길을 찾아가리라고 보장할 수도 없죠. 그러므로 신경에 손상을 입지 않도록 유의해야 합니다.

골격근을 현미경으로 살펴보면 뚜렷한 가로무늬를 확인할 수 있습니다. 그래서 골격근을 가로무늬근이라고 합니다. 같은 맥락에서 불수의근 가운데 위장관 근육은 별다른 무늬가 없기 때문에 민무늬근이라고 부르죠.

한편 심장근은 가로무늬가 있다는 면에서는 골격근과 비슷하지만 기능적으로는 불수의적입니다. 심장은 의지와 관계없이 자동적으로 움직이지만 다른 가로무늬근과 마찬가지로 큰 힘을 낼 수 있습니다.

얼굴 찌푸리지 말아요!
근육의 특별한 경제학

근육은 자세와 동작, 체온 유지 등에 작용합니다. 우리가 자세를 유지할 수 있는 것은 모두 골격근 덕분이죠. 골격근이 없으면 달릴 수 없는 것은 물론이고, 눈을 깜빡이거나 웃을 수조차 없습니다.

단어 하나를 말할 때도 안면, 입술, 혀, 턱, 후두 등에 있는 100여 개의 근육이 사용됩니다. 인상을 찌푸릴 때도 비슷한 수의 근육이 움직입니다. 하지만 미소를 짓거나 키스를 할 때는 34개의 안면 근육이 사용된다고 합니다. 그런 점에서 미소와 키스는 참 경제적이죠.

걷기는 넘어지려는 동작이 절묘하게 조화를 이룬 일련의 움직임으로 여기에는 200개가 넘는 골격근이 동원됩니다. 등근육은 앞으로 넘어지는 것을 막아주고 복부근육은 뒤로 넘어지는 것을 막아줍니다. 한쪽 다리를 딛는 데에도 40여 개의 근육이 동원됩니다.

달리기, 수영, 사격, 승마, 펜싱 등을 하는 정상급 선수의 몸에서 얼마나 많은 근육이 움직이는지 상상이 가시나요?

그렇다면 무엇이 근육을 움직이게 할까요? 근육을 확대해 보면 근육을 따라 길게 이어진 근섬유에서 액틴과 미오신이라는 두 가지 단백질을 발견할 수 있습니다. 원리는 간단합니다. 근육이 수축할 때는 액틴과 미오신이 톱니바퀴의 이가 맞물리듯 서로를 물고 잡아당깁니다. 반대로 근육이 이완할 때는 연결을 풀고 제자리로 되돌아오죠. 모든 동작은 골격근의 수축과 이완으로 이루어집니다. 근육을 많이 사용할수록 더 많은 액틴과 미오신이 생성되고 골격근은 더욱 두꺼워집니다.

신경이 지배해야
근육이 바로 선다

근육이 움직이려면 반드시 뇌의 신호가 근육에 전달되어야 합니다. 이를 위해서는 섬세하고 복잡한 회로망이 필요하고요. 신경이 손상을 받거나 뇌가 기능을 다하지 못하면 손상받은 신경의 지배를 받는 근육이 움직이지 못합니다. 뇌졸중에 빠져 반신불수가 되는 것은 근육을 움직이게 하는 명령 신호가 전달되지 않기 때문입니다. 수술할 때 쓰는 근육이완제는 신경신호가 근육으로 전달되는 것을 억제하는 물질입니다.

근육이완제를 쓰면 신경에서 어떤 신호가 오더라도 근육이 수축하지 않죠.

신경과 근육의 접합부가 제대로 기능하지 못하는 질병도 있습니다. 이 병에 걸린 사람은 근육으로 힘을 낼 수가 없죠. 이 밖에도 근육은 정상인데 신경이 절단되어 근육이 수축하지 못하는 근위축이나 근육이 퇴화되는 장애도 발생합니다. 신경이 항상 근육을 지배하고 있어야 근육이 제대로 기능할 수 있죠.

쥐가 난다는 것은 일종의 근육 경련입니다. 어렵게는 불수의적인 골격근 수축이라고 하죠. 이 밖에 근육통이나 염증 등 찢어지고 뒤틀리며 생기는 여러 가지 근육 질병들이 있습니다.

몸을 만든다는 것은 근육을 발달시키는 것이지요. 많은 사람들이 지방이 많으면 나쁘고 근육이 많으면 좋다고 생각하지만 사실 근육이 너무 많으면 오히려 건강에 해롭습니다. 근육이 지나치게 많으면 심장이나 혈관 등 순환계에 부담을 주기 때문이죠. 따라서 근육 운동은 적당한 수준에서 멈추는 게 좋습니다.

3

**따뜻한 마음을
전달하는 심장**

심장은 오랫동안 우리 몸에서 가장 중요한 장기로 인식되어 왔습니다. 예로부터 사람들은 심장이 단순한 혈액 펌프 이상의 기능을 갖고 있다고 여기고 여러 가지 추상적인 의미를 부여해 왔죠. 심장은 생명 그 자체를 의미하는 동시에 마음이 있는 곳을 나타냅니다. 무엇 무엇의 심장이라는 표현에서 볼 수 있듯 어떤 사물의 중심을 뜻하기도 하죠.

생명체가 다세포생물로 살아가는 데 꼭 필요한 장기가 심장입니다. 태아가 생길 때 제일 먼저 형성되는 장기도 바로 심장이죠. 하지만 그렇다고 모든 생물이 심장을 갖고 있는 것은 아닙니다. 가령 물에 사는 단세포생물인 짚신벌레는 심장이 필요하지 않습니다. 물속에서 필요한 것을 받아들이고 대사 과정에서 생긴 노폐물은 다시 물로 내보내는 단순한 생활을 하기 때문에 순환계가 필요하지 않거든요.

심장과 혈관계, 림프계 등으로 이루어진 순환계는 생명체의 진화 과정에서 여러 장기와 시스템이 분화되고 세포 수가 늘어나면서 생긴 시스템입니다. 바꾸어 말하자면 인간이 지나치게 잘 분화된 덕분에 얻게 된 것이죠.

한국인 사망 원인 1위는
암이 아니다?

백세시대라는 말이 어색하지 않을 만큼 평균수명이 많이 늘어났습니다. 실제로 1970년 평균 61.9세이던 한국인의 기대수명은 2012년 81.4세로 증가했습니다. 이 가운데 남자의 기대수명은 77.9세, 여자는 84.6세로 여자는 OECD 평균보다 상당히 높고, 남자도 약간 높은 편입니다.

30년 새 평균수명이 20년 가까이 연장됐지만 마냥 좋기만 한 것은 아닙니다. 서구화된 식습관으로 암, 심혈관질환, 대사증후군 등의 발병 위험도 덩달아 높아졌기 때문입니다. 실제로 평균 기대수명이 81.4세인데 평균 건강수명은 72.6세이니 죽을 때까지 질병에서 자유로울 수 없는 셈입니다. 같은 몸을 오래 써야 하니 더더욱 몸에 신경을 써야 하죠.

한국인의 사망 원인 1위는 단연코 암입니다. 10만 명당 140명이 암으로 세상을 떠나죠. 그러나 이 수치만 보고 판단하기에는 어려운 점이 있습니다. 암은 전신 어디든 생기는 병이고 발병 원인도 제각각인데 그걸 전부 합쳐 통계를 내니 1위가 될 수밖에 없지요. 그러니 암 공포증이 생기는 것도 당연합니다.

사실 암을 하나의 질병으로 묶을 수 있다면 사망 원인 2위와 3위에 해당하는 뇌혈관질환과 심장질환은 모두 순환계질환에 포함시킬 수 있습니다. 우리나라는 심장질환에 의한 사망률이 OECD 국가 평균에 속하지만, 미국의 경우 사망률이 가장 높은 질환은 심장질환입니다. 그렇게 보면 순환계질환이 암보다 더 위험한 질병이 되는 셈입니다.

3대 사망 원인인 암, 뇌혈관질환, 심장질환 가운데 폐암을 제외한 대부분의 암은 조기 발견과 치료 덕분에 사망률이 감소했습니다. 순환기 계통에서는 뇌혈관질환이나 고혈압 사망률은 감소한 데 반해, 심장질환은 증가하고 있고요. 그러므로 심장질환 관리에 각별한 주의가 필요합니다.

심장을 둘러싼
동서양의 인식 차이

심장心臟이란 '마음을 가진 장기'라는 뜻이죠. 심장을 나타내는 말은 나라마다 다르지만, 모두 비슷한 의미를 가지고 있습니다. 여담이지만 예로부터 사람들은 우리 몸 어디에 마음이 존재하는지에 대해 굉장히 많이 고민했습니다. 몸과 관련된 단어의 어원을 살펴보면 그런 고민의 흔적을 발견할 수 있죠. 그 예로 어떤 사람들은 사람의 마음이 횡격막에 있다고 생각했습니다. 거기서 나온 말이 정신분열증schizophrenia입니다. 횡격막phrenia이 갈라진schizo 상태가 바로 정신분열증이라는 거죠. 또 한때는 마음이 여성의 자궁에 있다고 보기도 했습니다. 그래서 정신적 원인 때문에 일어나는 비정상적인 흥분 상태를 나타내는 히스테리라는 말의 어원은 자궁hystera에 있습니다.

아리스토텔레스는 심장을 지성과 운동, 감각을 담당하는 곳으로 생각했습니다. 그후 500년 정도 뒤의 인물인 그리스의 의학자 갈레노스는 심장을 정신이 깃든 곳이자 열을 만드는 장소라고 정의했고, 그후 갈레노스의 정의가 오래도록 이어졌습니다. 당시에는 종교적인 이유 등으로 수술이나 생체 해부를 할 수 없어서 인체에 대한 해부학적인 지식이 부족했거든요.

사체를 해부하면 정맥은 혈액으로 가득 찬 반면 동맥은 반쯤 비어 있습니다. 그래서 사람들은 생명을 주관하는 기氣라는 것이 있고, 기는 대기를 통해 폐로 들어와 동맥혈을 채운다고 생각했습니다. 사람이 생명을 잃으면 동맥 속에 있던 기가 빠져나가서 혈액이 절반만 남게 된다고 생각한 겁니다.

심장을 단순한 혈액 순환 펌프로 보기 시작한 것은 17세기 이후부터입니다. 그 전까지는 심장을 마음을 지닌 기관으로 인식했죠. 그러다가 영국의 의학자이자 생리학자인 윌리엄 하비$^{William Harvey}$가 심장의 박동을 원동력으로 혈액이 순환된다는 주장을 내놓으면서 심장의 역할이 세상에 알려지기 시작했습니다. 혈액은 간에서 만들어져 전신을 돌아 비장에서 파괴된다는 갈레노스의 폐쇄회로설이 드디어 뒤집힌 것이죠. 이때 비로소 순환론 개념이 탄생했습니다.

여기서 잠시 심장 순환에 대한 서양의 인식 변화에 대해 살펴봅시다. 유명한 프랑스 철학자 데카르트는 우리 몸의 모든 장기는 구체적인 물리적·화학적 기능을 갖고 있으며 정신과는 별개라는 이원론을 주창했습니다. 그후 영국의 존 로크와 데이비드 흄이 등장하여 환원론적 사고를 발전시켰습니다. 시계를 이해하려면 톱니바퀴부터 알아야 하는 것처럼 인간을 이해하기 위해서는 인간을 구성하는 세포를, 나아가 핵 속의 DNA를 이해해야 한다는 것이지요. 이것이 20세기 후반부터 현재까지 이어지고 있는 환원론의 기초입니다.

2000년 초반에 세계적인 관심을 모았던 휴먼 게놈프로젝트를 기억하나요? 게놈지도가 완성되면 인체의 비밀이 모두 밝혀지고 모든 난치병을 치료할 수 있을 거라며 전 세계에서 엄청난 돈을 퍼부었죠. 세계 각국의 미디어가 게놈프로젝트에 환호했습니다. 그러나 정작 인간의 게놈지도가 완성된 2003년에는 기자회견조차

인체에 대한 기계론적 인식을 확립한 철학자 데카르트

없었습니다. 인간을 구성하는 부속품과 설계도가 알려졌지만 그것과 질병이 어떻게 관련되는지는 밝혀내지 못했거든요.

이후 만성 문명질환인 고혈압이나 당뇨병, 암 등은 한 가지 원인이 아니라 여러 가지 요인들이 복합적으로 작용해서 일어나기 때문에 환원주의로는 설명할 수 없다는 의견이 대두되었습니다. 환원주의에 대한 반성이 시작된 것이죠. 그럼에도 불구하고 한국에서는 아직도 환원주의적 사고가 주를 이루고 있습니다.

동양에서는 심장 순환에 대해 어떻게 생각했을까요? 동양의학은 대개 음양오행설을 기초로 하고 있습니다. 불, 땅, 금속, 물, 나무가 삼라만상을 이루는 기본 요소라는 생각이죠. 우주 삼라만상이 오행에 의해서 이뤄진다는 이론 아래 일주일을 구성하는 요일의 이름도 오행에서 따왔습니다.

동양에서는 오장육부를 다 중요하게 생각하지만 그중에서도 마음을 가진 심장을 가장 중요하게 여겼습니다. 뇌의 기능을 전부 심장이 맡고 있다고 생각했죠. 또 동양에서는 각 장기가 정신적인 기능이나 특수한 감정을 담당하고 있다고 생각했습니다. 심장은 기쁨과 연관되고, 간은 화를, 비장은 생각을, 폐는 우울을, 신장은 무서움을 담당한다고 여겨졌죠. 여기에 따르면 심장 건강을 지키는 방법은 기쁨을 많이 느끼는 것입니다. 많이 웃을수록 심장이 튼튼해진다고 본 것이죠. 밑져야 본전이니 심장 건강을 위해 오늘부터 일부러라도 웃어보는 건 어떨까요?

혈액순환의 원리와
심장의 구조

혈액은 심장→동맥→말초미
세순환계→정맥→심장의 방향으로 순환하는데 이를 통틀어 순
환계라고 부릅니다. 순환의 기본은 산소를 받아들이고 이산화탄
소를 내보내는 호흡 기능을 완수하고, 모세혈관을 통해 모든 세포
에 영양분을 전달하며, 대사 결과 만들어진 노폐물을 수거하여 배
설 장기까지 운반하는 것입니다. 이 세 가지만 잘 해내면 순환계의
소임을 거의 완수했다고 볼 수 있습니다.

순환계의 구성을 보면 심장이 중심에 있고 혈관이 가지를 뻗는
형태로 이루어져 있습니다. 좌심실에 있던 혈액이 대동맥을 통해
나오면 맨 처음 갈라지는 가지가 관상동맥, 즉 심장으로 가는 혈
관입니다. 두 번째 가지는 경동맥을 통해 머리로 가고요. 심장에서
나온 혈액이 경동맥을 지난 이후부터는 혈관이 간, 소화기, 콩팥
등으로 향하게끔 나누어집니다. 공평하게 신선한 동맥혈이 갈 수
있도록 혈관들 모두가 병렬로 연결되어 있습니다.

심장을 구성하는 세포는 무수하게 많지만 겉으로 드러나는 것
만 보면 심장은 마치 두 개의 세포로 이루어져 있는 것처럼 보입니
다. 심방은 심방대로 심실은 심실대로 하나의 세포처럼 활동하는
것 같죠. 하지만 인간의 심장은 4개의 방, 즉 우심방, 우심실, 좌심
방, 좌심실로 나누어져 있습니다. 4개의 방에는 각각 판막이 있어

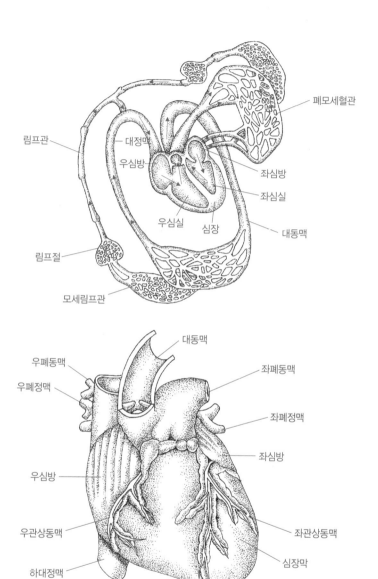

폐모세혈관

림프관

대정맥

우심방

좌심방

좌심실

우심실   심장

대동맥

림프절

모세림프관

대동맥

우폐동맥

좌폐동맥

우폐정맥

좌폐정맥

좌심방

우심방

우관상동맥

좌관상동맥

하대정맥

심장막

혈액순환의 경로와 심장의 구조

혈액이 한 방향으로만 흐르도록 되어 있습니다.

기본적인 혈액순환은 상반과 심실 사이에 있는 두 개의 판막에 의해 조절됩니다. 판막은 혈액이 역류하지 않고 한 방향으로 흐르도록 조절하는 밸브 역할을 합니다.

예전에는 심장질환 하면 대부분 판막질환이었습니다. 판막에 문제가 생겨 혈액이 제대로 흐르지 못하면 심장의 압력이 높아지고 심장 근육에 무리가 가서 심부전이나 부정맥 등을 일으키게 됩니다. 하지만 요즘은 의학이 발달해서 인공판막으로 손상된 판막을 갈아끼울 수 있게 됐습니다. 대신 지금은 허혈성 심장질환이 기하급수적으로 늘었지만요.

두근두근
전기를 만드는 심장

심장을 구성하는 네 개의 방에는 전기회로나 신경과 같은 케이블이 깔려 있습니다. 정확히 신경이 아니라 심장근이 별도로 분화된 장치죠. 전도계라는 것인데 이 통로를 통해 심장에서 맨 처음 발생한 전기신호가 심장의 다른 부분까지 전달되기 때문에 모든 심장근이 거의 동시에 움직일 수 있습니다.

심장에는 마라톤의 페이스메이커와 같은 역할을 하는 장치가 있는데 동방결절이 그것입니다. 여기서 주기적으로 전기신호를 내보내고 이에 맞춰 나머지 심장근세포들이 동일한 리듬을 만드는 것이죠. 심장에서 전기신호가 발생하면 곧 심장근의 수축이 이루어지는데, 특정한 심장근세포가 동방결절의 리듬을 쫓아가지 못하면 부정맥이 일어납니다.

19세기 말 심장에서 발생하는 전기신호를 신체 표면에서 기록하는 방법을 고안해냈습니다. 그게 바로 심전도죠. 인체에서 발생하는 전기 현상 가운데 가장 강력한 것이 이 심전도 신호입니다. 심전도는 머리부터 발끝까지 어디서나 측정할 수 있습니다. 물론 심장만 전기를 발생시키는 것은 아니고 뇌와 근육, 위장 같은 장기에서도 전기가 발생합니다. 그러나 이 신호들은 매우 미미해서 해당 장기와 가까운 곳에서만 기록됩니다.

죽느냐 사느냐
양의 신경과 음의 신경

심장의 기계적 수축은 비교적 간단한 운동이지만, 심장의 전기신호에 영향을 주는 인자들은 상당히 복잡하고 다양합니다. 그리고 이것들은 심장 기능을 변화시킬 수 있죠.

대표적인 영향 인자는 자율신경계입니다. 자율신경에는 교감신경과 부교감신경이 있는데 그중 부교감신경은 평화의 신경이자 음의 신경이고, 내일을 위한 신경입니다. 심장 기능을 억제하는 것이 부교감신경의 주요 기능이죠. 여기서 아세틸콜린이라는 물질이 나오고, 수면 시간에 가까워질수록 그 활동이 활발해집니다.

반면 교감신경은 생존을 위한 신경입니다. 살아남기 위해 할 수 있는 모든 일을 하는 양의 신경이죠. 여기서는 노르아드레날린이 분비됩니다. 노르아드레날린이 많이 분비되면 심장박동수가 증가하고 심장의 수축력도 커지죠. 심장은 여러 가지 외부 환경에도 영향을 받습니다. 흥분했을 때나 기쁠 때, 슬플 때도 심장박동수가 빨라집니다.

다른 장기들을 위해
존재하는 심장

다른 장기들은 각각 독립된 기능을 가지고 있는데 비해 심장은 다른 장기들이 제대로 기능할 수 있는 여건을 만들어주기 위해 존재합니다. 순환은 세포가 분화되고 개체가 커지면서 생겨난 것이지만 점차 생명 유지에 필수불가결한 시스템이 되어버렸죠. 다른 장기들을 위해 존재하던 심장이 가장 중요한 장기가 된 것입니다.

심장의 1차 기능은 혈액순환입니다. 혈액은 대류라는 물질 이동

방식에 의해 움직입니다. 대류는 서로 다른 지점에 위치한 물질이 압력차에 의해 이동하는 현상을 말하며, 우리 몸에서는 심장의 수축과 이완이 두 지점 간의 압력차를 만들어냅니다.

심장이 혈액 펌프인 동시에 내분비기관이라는 사실을 모르는 사람이 많습니다. 내분비기관이란 호르몬을 분비하는 기관을 뜻하죠. 갑상선, 부신, 뇌하수체 등이 모두 내분비기관입니다. 심장도 약 5가지 종류의 호르몬을 분비하는데요. 심장에서 나오는 호르몬은 우리 몸 전체에 퍼져서 많은 영향을 미칩니다. 대표적으로 심방성나트륨이뇨호르몬은 이름처럼 나트륨 이뇨를 촉진하여 혈액량을 조절하는 역할을 합니다.

심장이 빨리 뛰면
일찍 죽는다?

심장의 기본 박동수는 동물의 크기와 종류에 따라 달라집니다. 사람은 기본적으로 1분에 70번 뛰는데, 포유류 중에서 심장이 가장 빨리 뛰는 생쥐는 400~500번 박동합니다. 직접 만져서는 얼마나 빨리 뛰는지 느낄 수 없을 정도죠. 개의 심장박동수는 150번, 코끼리는 35번 정도이며 포유류 중에서 가장 큰 고래는 10번 이하라고 합니다. 고래의 심장이 뛸 때마다 근처 바다에 파동이 일어난다고 하니 고래의 심장박동이 느린 것은 다행한 일일지도 모릅니다. 실제로 이런 사실이 알려지지 않았던 예전에는 고래의 심장박동 소리에 잠수함이 출동하는 경우까지 있었다고 합니다.

심장이 뛰는 속도는 수명과도 밀접한 관련이 있습니다. 일반적으로 심장박동이 빠른 동물은 수명이 짧고 느린 동물은 수명이 깁니다. 그래서 격심한 운동을 많이 하는 운동선수들은 일반인에 비해 수명이 짧다고 하죠. 스트레스를 많이 받는 의사들 역시 평균수명보다 짧게 살고요.

그렇다면 수명이 가장 긴 직업은 무엇일까요? 바로 우체부입니다. 우체부는 격하지 않은 운동인 걷기를 꾸준히해서 그런 결과가 나온 것 같습니다. 물론 오토바이를 타고 다니는 요즘 우체부들은 어떨지 모르겠네요. 우체부 다음으로 수명이 긴 직업은 운동량이 적은 성직자라고 합니다. 어쩌면 정해진 심장박동수를 오랫동안 조화롭게 유지하는 것이 건강 관리의 핵심인지도 모르겠습니다.

한편 심장에는 암이 생기지 않습니다. 과학자들이 그 원인을 규명하려 노력했지만 아직 명확히 밝혀내지 못했습니다. 계속해서 움직이는 것이 그 이유일 거라고 추측할 뿐이지요.

지구 두 바퀴 반,
모세혈관과 혈액순환

심장이 순환계의 역할을 수행하려면 심장에서 나온 혈액을 우리 몸 곳곳으로 운반하는 혈관이 있어야 합니다. 실제로 우리 몸에서 혈관이 닿지 않는 곳은 없습니다. 세포가 있는 모든 곳에는 모세혈관이 있죠.

혈관의 길이는 약 10만 킬로미터나 됩니다. 지구 두 바퀴 반을 감을 수 있는 길이죠. 이 길고 긴 혈관에 심장은 1분에 5리터씩 하루 7200리터나 되는 혈액을 내보냅니다. 심장이 수축하면서 생긴 힘을 동력으로 그토록 많은 양의 혈액을 먼 거리에 있는 모세혈관까지 보내는 겁니다. 운동을 할 경우에는 그 양이 더 많아져서 많게는 1분에 20리터까지 내보내기도 합니다.

모세혈관까지 운반된 혈액은 주위 세포와 물질 교환을 합니다. 산소와 영양분은 조직세포에 주고 노폐물은 정맥을 통해 다시 심장으로 돌아오게 하는 것입니다. 심장으로 되돌아온 혈액 성분 가운데 이산화탄소는 폐를 통해 몸밖으로 내보내고 다른 노폐물은 콩팥에서 걸러서 소변으로 내보내게 됩니다.

모세혈관에서의 물질 이동은 확산이라는 현상에 의존합니다. 확산이 이루어지려면 모세혈관과 세포 중심의 거리가 짧아야 하는데, 다행히 우리 몸은 그런 구조를 가지고 있습니다. 모세혈관에서 세포 중심까지의 거리는 보통 10마이크로미터 정도입니다. 참

모세혈관의 물질 이동 원리 확산

고로 특정 물질이 확산을 통해 2미터 정도를 이동하려면 70년이라는 시간이 필요하다고 합니다. 그러므로 확산 거리를 짧게 유지하는 것이 매우 중요합니다. 그 때문에 세포가 있는 모든 곳에 모세혈관이 있는 것이고요.

중력을 이기는
정맥순환의 힘

모세혈관을 지난 혈액은 정맥을 통해 심장으로 되돌아와야 합니다. 정맥순환이 잘 일어나려면 두 가지 보조 장치가 필요합니다. 흉곽운동에 의한 호흡펌프와 하지의 골격근펌프가 그것입니다. 호흡펌프란 흡식을 통해 흉강 내부의 압력을 대기압보다 낮게 만드는 펌프로서 정맥혈이 심장까지 원활하게 돌아오도록 돕는 역할을 합니다. 골격근펌프는 수축을 통해 정맥을 쥐어짜 정맥혈이 다시 심장으로 오도록 하죠. 이때 하지정맥에 위치한 일방향 판막이 중력에 의한 혈액의 역류를 방지합니다.

평소에 자주 걷는 사람은 골격근펌프의 기능이 촉진되어 혈액순환이 잘 됩니다. 반면 움직이지 않고 오랫동안 서 있는 사람은 정맥혈이 심장으로 되돌아오기 어렵죠. 그런 이유로 오랫동안 서서 일하는 사람은 하지정맥류로 고통받는 경우가 많습니다. 이 증상이 오래되면 해당 부분이 썩거나 응고된 혈액 덩어리가 폐동맥을 막는 현상이 일어나기도 합니다. 따라서 가만히 서서 일하는 사람들은 수시로 움직여서 골격근펌프를 작동시키고, 휴식을 취할 때는 다리를 심장보다 높게 올려 혈액순환을 도와야 합니다.

혈관은 심장이 내보내는 혈액을 적재적소로 운반하는 역할을 합니다. 가령 배불리 식사한 직후에는 소화에 많은 에너지가 필요하겠죠? 이때는 위장관에 많은 혈액을 보내고, 뇌를 비롯한 골격근 등에는 혈액을 적게 보냅니다. 그 때문에 졸음이 오기 쉽죠. 그러므로 점심식사 후 졸립고 나른한 느낌이 드는 것은 자연스러운 현상입니다. 노인의 경우에는 종종 식후 어지럼증이 발생할 수도 있으므로 유의해야 합니다.

받은 만큼 돌려준다!
미세순환

순환의 최종 목표인 미세순환은 어떠한 힘에 의해 일어날까요? 혈관 속 물질이 조직세포로 움직이려는 힘은 혈압 때문에 생깁니다. 혈관 내 혈압이 주위 세포보다 높기 때문에 물질이 밖으로 빠져나가려는 것이죠. 반대로 혈액이 조직세포에서 물질을 받아들일 때는 혈액 속 단백질에 의한 교질삼투압이 작용합니다. 이 두 가지 힘의 균형에 의해 물질 이동의 방향이 정해집니다. 동맥 쪽 모세혈관에서는 혈액에서 조직세포로, 반대로 정맥 쪽 모세혈관에서는 조직세포에서 혈액으로 움직이려는 힘이 작용하기 때문에 자연스럽게 물질 교환이 일어나게 됩니다.

그렇다면 조직세포에서는 혈액을 정확히 받은 만큼 돌려줄까요? 우리 몸이 아무리 정교하더라도 나간 만큼 들어온다는 게 쉽지는 않습니다. 혈액이 너무 많이 되돌아오면 수분 부족, 즉 탈수가 일어날 것이고, 반대로 혈액이 너무 적게 돌아오면 수분이 넘쳐 몸이 붓는 부종이 생깁니다. 신장 질환이 있는 경우에 부종이 특히 많이 생기죠.

미세순환 과정에서 오차를 줄여 균형을 유지하는 시스템이 제2의 순환계라 불리는 림프계입니다. 림프계는 미세순환에서 돌아오지 못한 것을 정맥으로 다시 되돌리거든요. 림프계는 모세혈관

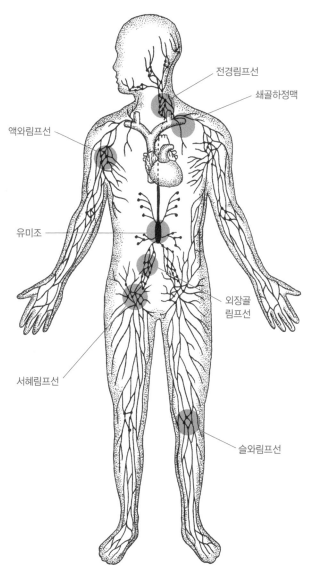

전경림프선

쇄골하정맥

액와림프선

유미조

외장골
림프선

서혜림프선

슬와림프선

전신의 림프계

이 존재하는 거의 모든 장소에 존재하고 림프결절, 림프관, 정맥을 통해서 심장으로 되돌아옵니다. 우리 몸에는 약 800개의 림프절이 있습니다.

한편 림프계는 혈액의 순환을 보조하는 것 외에 여러 가지 중요한 면역반응을 담당합니다. 아이러니한 사실은 림프계가 암세포의 전이 통로로도 기능한다는 것이죠. 대부분의 암세포는 혈관이 아니라 림프계를 통해 전이되는데 그 이유는 아직 밝혀지지 않았습니다.

무엇이 심장을
병들게 하는가?

심장질환이 생기는 원인을 정확하게 규정할 수는 없지만 병을 유발하는 개별적인 원인, 즉 위험인자에 대해서는 많이 밝혀졌습니다. 대표적인 것이 높은 콜레스테롤 수치와 고혈압, 흡연이고 그 다음이 비만과 당뇨입니다. 그 때문에 콜레스테롤이 높은 음식을 즐기고 비만 인구가 많은 미국은 사망 원인 1위가 심장질환이라고 하죠. 스트레스와 비관적인 마음가짐 또한 심장질환의 주요 위험인자 중 하나입니다.

순환계에 절대적으로 나쁜 영향을 미치는 것이 비만입니다. 지방세포가 많아질수록 혈관도 늘어나고 그만큼 심장이 내보내야

하는 혈액량도 많아져서 결국은 심혈관계에 부담이 커지기 때문입니다. 또 비만이 되면 혈관의 노화가 촉진되기 때문에 아주 해롭습니다.

나이가 들면 동맥이 노화되어 죽상동맥경화증이 생기거나 모세혈관 및 미세혈관이 노화현상을 보이기도 합니다. 이는 각 장기 기능의 노화로 이어지기도 하는데요. 예를 들어 신경계로 가는 혈관에 노화가 오면 치매에 걸리기 쉬워집니다. 뿐만 아니라 암, 당뇨병, 백내장 등 모든 질환이 미세혈관의 노화와 밀접한 관련이 있습니다.

여성들은 스스로를 순환계 질환에서 보호하는 보호막을 가지고 있습니다. 에스트로겐이라는 호르몬이 그것입니다. 하지만 에스트로겐은 폐경기를 기점으로 줄어들기 때문에 폐경기가 지난 여성들은 순환계 질환에 각별히 유의해야 합니다.

갑작스러운
죽음의 공포 급사

요즘 젊은 나이에 갑자기 쓰러져 사망했다거나 자고 일어났더니 죽어있었다는 뉴스를 듣는 경우가 많습니다. 이는 대부분 관상동맥이 막혀서 생깁니다. 관상동맥은 심장에 영양을 공급하는 혈관으로, 그 모습이 마치 왕관처럼 생겼다고 해서 그런 이름이 붙여졌습니다.

그러면 관상동맥이 막히는 경우는 왜 생길까요? 대개는 동맥경화로 혈관에 혹이 생겨서 그렇습니다. 이를 어려운 말로 허혈성 심장질환이라고 하는데요. 허혈虛血은 혈관이 막히거나 좁아져서 조직에 국부적인 빈혈 상태, 즉 피가 빈 상태가 생겼음을 말합니다. 허혈성 심장질환이 바로 호전되지 않으면 이어지는 현상이 바로 급사입니다.

옛날에는 이런 병이 거의 없었습니다. 급사는 속된 말로 먹고 살 만해지면서 생긴 병이죠. 급사는 문명병이라고도 불리는데 그 이유는 급사의 발병이 평소의 식생활이나 스트레스 등과 관계가 있기 때문입니다.

그렇다면 어떻게 급사를 예방할 수 있을까요? 사실 허혈성 질환의 대부분은 심장질환 아니면 뇌혈관질환입니다. 그러면 허혈성 질환은 왜 간이나 콩팥, 위에는 안 생기는 것일까요? 거기로 가는 혈관에도 동맥경화가 생길 수 있을 텐데 말입니다. 그 원인은 혈관 분포의 차이에 있습니다. 다른 장기로 가는 동맥에는 우회로가 많아서 어느 한 길이 막혀도 어떻게든 돌아갈 수 있는데, 뇌와 심장에는 길이 하나밖에 없습니다. 왜 하필 가장 중요한 장기인 심장과 뇌에는 우회로가 없을까요? 이는 어쩌면 신의 섭리일지도 모르겠습니다.

동맥이 막히는 질병이 뇌와 심장 중 어디에 생기는지는 순전히 운입니다. 병이 뇌가 아니라 심장에 생겼다면 그나마 다행입니다. 요즘은 하수도를 청소하듯 막힌 관상동맥을 뚫어주기도 하고, 그래도 안 될 때는 다른 혈관으로 대치할 수도 있으니까요. 반면 뇌에 허혈성 질환이 생겨서 의식을 잃거나 반신불수가 되면 방법이 없습니다. 고스란히 본인과 가족의 불행이 되죠. 물론 관상동맥이 막혀 급사로 이어지는 수도 있으니 어느 쪽이 나은지는 더 생각해봐야겠습니다.

프랑스인들은 왜 심장질환에 잘 걸리지 않을까?

심장질환과 관련해 아주 재미있는 이야기가 있습니다. 프렌치 패러독스French Paradox가 바로 그것입니다. 여기에 따르면 프랑스 사람들은 기름진 것도 많이 먹고 담배도 많이 피는데 북유럽이나 미국 등 다른 국가에 비해서 심장질환에 걸리는 비율이 상당히 낮다고 합니다. 어떻게 그런 차이가 생긴 걸까요?

조사 결과 그 원인으로 밝혀진 것이 바로 지중해식 라이프스타일입니다. 고민하지 않고 기분 좋게 사는 것, 마늘, 올리브유, 호두기름 등을 즐겨 먹는 것이 핵심이죠. 또 빼놓을 수 없는 것이 이 지역의 화창한 날씨입니다. 날씨가 흐리면 즐거운 기분을 유지하기 힘드니까요.

또 주목할 것이 와인입니다. 실제로 지난 40년간 진행된 네덜란드의 연구 결과를 보면, 매일 적당량의 와인을 마시는 사람은 마시지 않는 사람보다 5년 정도 더 오래 산다고 합니다. 미국에서도 매일 한 잔씩 술을 마시는 여성이 그러지 않은 여성에 비해 뇌졸중에 걸릴 확률이 적다는 보고가 있고요. 다만 달콤한 와인보다는 떫은 와인이 심장병 예방에 더 효과적이라는 연구 결과도 있으니 참고하시기 바랍니다.

현대 과학도 풀지 못한
혈액의 비밀

건강검진을 받을 때 제일 먼저 혈액을 채취하지요. 그 혈액을 시험관에 가만히 두면 적혈구와 백혈구, 혈소판으로 이루어진 혈구 부분이 아래로 가라앉고, 위에는 맑은 혈장만 남습니다. 체내 수분 가운데 혈액이 차지하는 비율은 8퍼센트인데, 그중 45퍼센트 정도가 혈구에 해당하고, 혈구의 대부분을 적혈구가 차지합니다.

혈액은 골수에서 만들어지는데 이 가운데 적혈구는 120일 정도를 삽니다. 상당히 오래 사는 편이죠. 반면 백혈구의 수명은 예측이 불가능합니다. 보통은 일주일 이내인데 생성되자마자 죽기도

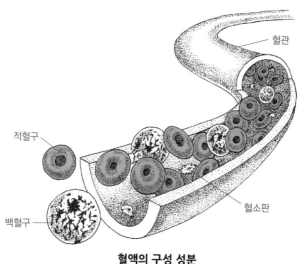

혈액의 구성 성분

적혈구

혈관

백혈구

혈소판

합니다. 항상 외부의 적과 싸워야 하기 때문이죠.

적혈구는 도넛처럼 가운데가 움푹 패인 모양으로 생겼습니다. 적혈구에는 헤모글로빈이라는 단백질이 들어있는데 여기에 함유된 철 분자가 산소를 잡아서 필요한 곳에 운반하죠. 흥미로운 것은 현대의학의 엄청난 발전에도 불구하고 아직까지 헤모글로빈을 대체할 화합물을 만들어내지 못했다는 겁니다. 그 때문에 아직도 혈액이 부족할 때는 다른 사람의 혈액을 수혈 받아야 합니다.

수명을 다한 적혈구는 간으로 들어가 힘과 글로빈으로 쪼개져 파괴됩니다. 이 가운데 힘은 다시 빌리루빈이라는 형태로 파괴되어 담낭에 담즙으로 저장되었다가 십이지장으로 나가거나 신장을 통해 소변으로 배출됩니다. 만약 어떤 원인에 의해 빌리루빈이 많이 생기면 온몸이 노래지는 황달이 생깁니다. 빌리루빈은 특히 눈쪽에 많이 침착되기 때문에 눈이 노랗게 보이는 경우가 많죠. 결국 황달이 생겼다는 건 적혈구가 많이 파괴되었다는 뜻이므로 주의해야 합니다.

거머리는 어떻게
계속 피를 빨까?

혈관이 찢어지거나 터져서 출혈이 생기면 지혈을 하죠. 지혈이란 말 그대로 출혈이 멈추는 것, 혹은 출혈을 멈추게 하는 것을 말합니다. 지혈은 상당히 복합적인 과정을 거쳐 이루어집니다. 우선 상처가 생기면 반사적으로 혈관이 수축하고, 그곳에 혈소판이 모여듭니다. 여기에 여러 가지 화학물질이 작용하여 상처가 생긴 부분을 막죠. 그 다음 혈전이 생기고, 혈장 속의 혈액응고 인자가 혈전을 강화시켜 상처를 단단하게 막아줍니다.

지혈과 관련된 병이 바로 혈우병인데요. 혈우병이란 출혈이 멈추지 않는 병으로, 지혈 메커니즘이 작동하지 않아서 생기는 질병입니다. 특히 X염색체에 위치한 유전자의 돌연변이로 혈액응고 인자가 부족해져서 생기는 병이죠. 유럽 왕족들 중에 이 혈우병 환자가 특히 많았다고 하는데요. 이는 혈통을 유지하기 위해 근친혼을 거듭해서 생긴 현상입니다.

봄에 논에 가면 거머리가 다리에 붙어 피를 빨죠. 여기에도 혈액응고의 원리가 들어 있습니다. 몸에 상처가 생겨 피가 나면 몸은 지혈 작용을 시작하겠죠. 그러면 상처는 딱지에 의해 막히게 됩니다. 거머리 입장에서는 여간 번거로운 일이 아니죠. 다시 상처를 내고 피를 빨아야 하니까요. 그래서 거머리는 입에서 혈액응고가 일어나지 않게 하는 단백질을 뿜어냅니다. 덕분에 쉬지 않고 피를 빨 수 있는 것이죠. 뱀 독 중에도 종종 같은 작용을 하는 것이 있습니다.

사람을 살리는
병도 있다!

여성들에게 흔한 빈혈은 적혈구, 그중에서도 헤모글로빈이 모자라서 생기는 경우가 대부분입니다. 빈혈에는 여러 가지 종류가 있는데, 이 가운데 아프리카 사람들 사이에 많이 발병하는 겸상적혈구빈혈증이라는 것이 상당히 독특합니다.

이 병은 유전자 이상으로 생긴 비정상적인 헤모글로빈이 적혈구에 축적되어 적혈구의 모양이 낫 모양_{겸상}으로 변하는 돌연변이 현상입니다. 멘델의 유전법칙을 따라 겸상세포를 만드는 유전자를 가진 사람 가운데 우성인 25퍼센트는 빈혈로 사망하게 되는 무서운 질병이죠.

그러면 나머지 75퍼센트는 어떻게 될까요? 아이러니하게도 이 병을 지닌 나머지 75퍼센트는 아프리카 사람들이 가장 무서워하는 질병인 말라리아에서 해방되어 보다 안전한 삶을 살아갑니다. 적혈구가 낫 모양의 겸상세포가 되면 모기를 통해 혈액 속으로 들어온 말라리아원충이 살 수 없게 되기 때문입니다.

말라리아는 아직까지 완전한 예방이 불가능한 병입니다. 게다가 일단 병에 걸린 뒤에는 별다른 치료법이 없기 때문에 많은 사람이 죽습니다. 결국 겸상적혈구빈혈증은 아프리카 사람들이 환경에 적응하는 과정에서 생긴 병인 셈이죠.

인종별로 다른
혈액형 비율

한국과 일본에서는 혈액형과 성격적 특성을 연결하여 '저 사람은 A형 성격이야.' 하는 식으로 이야기하는 경우가 많죠. 이런 분류가 맞는 사람도 있고 그렇지 않은 사람도 있을 것입니다. 다만 서양에서는 혈액형과 성격의 관계를 인정하지 않는 편입니다.

흥미로운 사실은 혈액형의 비율이 인종에 따라 다르다는 것입니다. 실제로 미국에 사는 이민자들의 혈액형을 보면, 유럽에서 온 사람들은 거의 90퍼센트가 O형과 A형이고, B형과 AB형은 소수입니다. 아프리카계 이민자들은 B형이 약간 많고, 한국 이주자들은 특징적으로 B형 비율이 아주 높습니다.

일본과 한국을 비교하면 O형은 거의 같고 일본은 A형이, 우리나라는 B형이 상대적으로 많은 편입니다. 미국 원주민이나 중국인의 경우에도 B형 비율이 높은 편이지만 우리나라만큼은 아닙니다. 실제로 2008년 통계에 따르면 일본인은 B형 비율이 22퍼센트 정도인데 비해 한국인은 31퍼센트가 B형이었다고 합니다. 어쩌면 이것이 일본 사람과 한국 사람의 성격 차이를 가져온 중요한 요인일지도 모릅니다. 물론 ABO 타입의 혈액형이 성격과 직접적인 관계가 있다면 말이죠.

4

호흡,
숨 쉬고
산다는 것

옛날부터 숨을 쉰다는 말은 살아있다는 말과 거의 같은 의미로 사용되었습니다. 그래서 종래의 사망 기준은 심장박동과 호흡의 정지였죠. 그러다가 장기 이식수술이 일반화된 1972년 뇌 활동의 정지, 즉 뇌사가 추가됐습니다.

심장 이식수술을 처음으로 성공시킨 건 1967년 남아프리카공화국의 크리스티안 바너드Christiaan Barnard 박사였습니다. 심장을 이식하려면 공여자의 심장이 박동하고 있어야 합니다. 심장이 멈춘 상태, 즉 완전히 사망한 상태에서는 다른 사람에게 심장을 줘도 소용이 없습니다. 이 문제를 둘러싸고 세계적으로 많은 논란이 있었어요. 실제로 이 무렵 일본의 한 외과 교수가 뇌사 상태에 빠진 환자의 심장을 심장병 환자에게 이식하는 수술을 했다가 살인 혐의로 구속되는 사건이 벌어졌습니다. 당시 일본에서는 심장박동과 호흡의 정지만을 사망 기준으로 삼고 있었기 때문이죠. 이 문제는 일본뿐 아니라 전 세계적으로 큰 이슈가 됐고, 우여곡절 끝에 뇌 활동의 정지가 사망 기준에 포함되었습니다.

숨을 쉰다는 것,
살아간다는 것

우리는 왜 호흡을 해야 할까요? 앞서 하나의 세포로 이루어진 단세포생물은 순환이 필요 없다고 했죠. 호흡도 마찬가지입니다. 단세포생물은 주위에서 바로 산소를 공급받고 노폐물을 배출하기 때문에 별도의 호흡시스템이 필요하지 않습니다. 하지만 인간처럼 복잡한 생명체에서는 순환계나 호흡계가 필요하죠.

호흡의 가장 중요한 기능은 산소를 받아들이고 이산화탄소를 내보내는 가스교환입니다. 이는 다시 폐를 통해 산소를 받아들이고 이산화탄소를 내보내는 폐호흡과 각 세포 단위에서 산소와 이산화탄소를 교환하는 조직호흡의 두 가지로 나뉩니다. 사실 폐호흡은 조직호흡을 위한 과정에 불과하며, 심장이나 혈관의 순환 기능도 조직호흡이 원만히 일어날 수 있도록 도와주는 시스템이라고 볼 수 있습니다.

세포가 생존하려면 산소가 필요하기 때문에 산소를 받아들이는 것이 중요합니다. 세포는 산소를 이용해 대사활동을 하고 에너지를 만듭니다. 전 세계에서 어디서나 통용되는 달러처럼 우리 몸 어디에서나 통용되는 에너지원이 있습니다. ATP라는 화학물이 그것입니다. ATP는 대부분 미토콘드리아에서 만들어지는데, 그 과정에서 산소가 필요합니다. 따라서 산소가 없으면 몸이 에너지를 얻을 수 없어서 기능하지 못하죠. 산소를 받아들이는 것 못지않게 대사활동의 결과로 쌓인 이산화탄소를 배출하는 것도 중요합니다. 말하자면 호흡계의 기본 기능은 에너지 생성을 돕고 몸을 깨끗하게 유지하는 것입니다.

호흡계의 두 번째 기능은 혈액과 조직세포의 산성도를 일정하게 유지하는 것입니다. 이는 산소와 이산화탄소의 비율을 일정하게 유지하는 것만큼이나 중요합니다. 인간의 혈액과 조직세포는 모두 약한 알칼리성을 띠는데, 호흡계는 이산화탄소 배출을 통해 이 상태를 유지합니다. 우리 몸의 산성도, 즉 pH는 여러 가지 복잡한 시스템의 활동에 의해 조절되는데 그중 혈액 내 이산화탄소 농도와 중탄산이온의 농도에 의해 조절되는 시스템이 가장 중요합니다. 이산화탄소 비율이 높아지면 산성이 되고, 중탄산이온 비율이 높아지면 알칼리성이 됩니다. 호흡계는 이산화탄소 농도를 조절하고 신장은 중탄산이온의 배설을 조절하죠. 따라서 폐와 신장을 혈액 pH조절의 쌍두마차라고 합니다.

세 번째로 호흡계는 병원체나 자극물질을 제거합니다. 이 작용은 기관지 섬모의 운동에 의해 일어납니다. 가령 담배를 피우는 사람은 기도에 노폐물이 많이 쌓이기 때문에 이를 체외로 배출해야 합니다. 그 노폐물 덩어리가 바로 가래입니다. 따라서 가래가 끓는 다는 것은 여러분의 폐가 담배 연기 같은 오염 물질에 의해 혹사당하고 있다는 의미입니다.

마지막으로 살펴볼 기능은 발성을 통한 언어의 구사, 즉 의사소통입니다. 인간은 성대를 진동시켜 의사소통을 합니다. 성대의 크기와 모양은 사람마다 다르지만, 성대의 길이는 키와 상관관계가 있다고 합니다. 그래서 남자 중에 키가 큰 사람은 성대 길이도 길어서 바리톤 목소리가 나고, 키가 작은 사람은 성대의 길이가 짧아 테너 목소리가 난다고 합니다. 유명한 테너 가수들이 대부분 키가 작고 통통한 것은 그 때문이 아닌가 싶습니다.

기도에서 폐포까지, 호흡에 대한 모든 것

호흡은 어떻게 이뤄질까요? 우선 호흡계는 기도와, 기도가 가지를 치듯 차례로 연결된 폐포, 폐를 보호하고 폐포가 제대로 활동할 수 있도록 공기압을 조절하는 흉곽과 횡격막으로 이루어져 있습니다.

먼저 성대를 지난 공기는 목을 거쳐 기관으로 내려갑니다. 기관은 좌우 양쪽의 폐와 연결되는 2개의 기관지로 나뉘기 때문에 기관을 거친 공기는 양쪽으로 갈라져 좌우의 폐로 들어가죠. 계속해서 둘로 나눠지던 기관지는 결국 수천 개의 가지로 갈라지고, 기관지를 따라 나온 공기는 작은 풍선처럼 생긴 폐포에 도달합니다. 각각의 폐에는 3억 개가 넘는 폐포가 존재하며, 이곳에서 산소와 이산화탄소의 교환이 일어납니다.

폐에는 심장에서 나오는 폐동맥과 심장으로 되돌아가는 폐정맥의 모세혈관들이 내부 구석구석까지 뻗어있습니다. 폐동맥은 이산화탄소를 함유한 혈액을 폐로 보내고 폐정맥은 산소를 풍부하게 함유한 신선한 혈액을 심장으로 보냅니다.

산소와 이산화탄소는 얇은 폐포벽 표면을 그물망처럼 감싼 모세혈관으로 빠르게 드나듭니다. 1초도 안 되는 사이에 산소는 폐포에서 혈관으로 들어가고 이산화탄소는 혈관에서 폐포 속으로 빠져나옵니다. 이 과정을 호흡이라고 부릅니다.

기도는 가스교환에 참여하지 않고 통로로만 이용되는 통로기도와 실제 호흡이 일어나는 호흡기도로 나뉩니다. 이 가운데 호흡기도는 주로 포도송이같이 생긴 폐포를 말합니다. 폐포는 실제 호흡이 일어나는 가장 중요한 부위입니다.

갈비뼈 안쪽의 흉곽과 그 아래의 횡격막은 폐를 보호할 뿐 아니라 폐에서의 가스교환이 효율적으로 일어나도록 돕습니다. 횡격막은 분당 15회 정도의 속도로 수축과 이완을 반복하며 호흡을 주

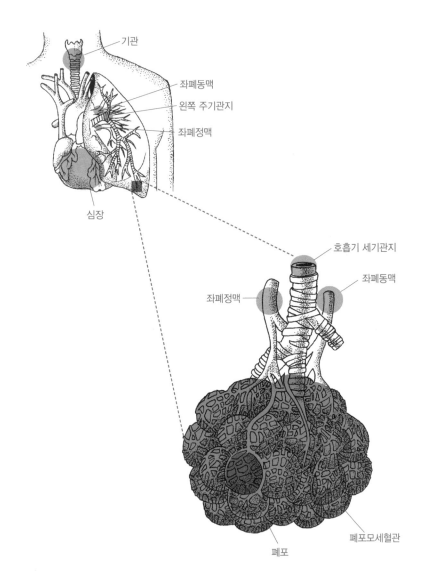

기관

좌폐동맥

왼쪽 주기관지

좌폐정맥

심장

호흡기 세기관지

좌폐동맥

좌폐정맥

폐포모세혈관

폐포

폐와 폐포의 구조

도합니다. 횡격막은 평생 쉬지 않고 운동합니다. 횡격막과 늑간근은 내 의지대로 움직일 수 있지만 대부분 자율신경의 지배를 받기 때문에 무의식중에 수축과 이완을 반복하고 자동으로 호흡합니다. 과식을 했을 때 갑자기 딸꾹질이 나는 경우가 있죠. 이는 과식으로 팽창된 위가 횡격막을 자극하여 일어나는 현상입니다.

늑막강은 폐를 둘러싼 두 개의 얇은 막으로 폐를 보호하고 폐의 움직임을 도와주는 장치입니다. 옛날에는 늑막에 염증이 생기는 경우가 많았습니다. 속설에는 좋지 않은 자세로 운동하면 늑막염에 걸리기 쉽다는 말이 있는데 이는 사실이 아닙니다. 과거에 늑막염이 흔했던 것은 결핵 때문입니다. 결핵균이 폐에 침투하면 늑막강을 비롯한 폐와 주변 조직에 상처를 입히거든요. 알다시피 결핵은 영양이 부족하면 생기는 빈곤병이죠. 요즘은 약으로 완치가 가능하기 때문에 결핵에 대한 공포는 거의 사라졌지만 전 세계 인구의 2~3퍼센트가 여전히 결핵으로 고통받고 있다고 합니다.

호흡은 들이마시는 숨인 흡식과 내쉬는 숨인 호식으로 나뉩니다. 매번 숨 쉴 때마다 의식하고 하는 사람은 없죠. 실제로 대부분의 호흡은 의식과 관계없이 일어납니다.

그럼 호식과 흡식은 어떻게 일어날까요? 호흡은 물리적인 힘, 즉 폐 안팎의 압력차 때문에 저절로 일어납니다. 폐 내부의 기압이 바깥보다 낮으면 바깥의 공기가 안으로 들어오고, 폐 내부의 기압이 바깥보다 높으면 폐의 공기가 밖으로 나가게 되어 있습니다. 그

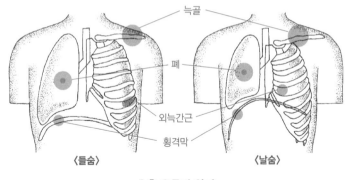

늑골

폐

외늑간근

횡격막

〈들숨〉　　　　〈날숨〉

호흡 운동의 원리

러면 왜 그런 기압 변화가 생길까요? 그것은 횡격막을 비롯한 호흡근의 활동으로 폐 내부의 기압이 조절되기 때문입니다. 그런 의미에서 호흡근의 역할이 굉장히 중요하다고 할 수 있죠.

폐 구조에 숨겨진
과학적 원리

폐는 거꾸로 뒤집은 나무와 비슷하게 생겼습니다. 커다란 둥치에서 가지가 뻗어나오듯 기관이 나뉘어 기관지가 되고, 가지치기를 반복한 기관지들이 잎에 해당하는 폐포에 도달하게 되어 있죠. 호흡의 가장 중요한 부분인 가스교환은 바로 여기 폐포에서 일어납니다. 나머지는 통로에 불과하죠. 폐포는 아주 얇은 막으로 덮여 있어서 모세혈관과의 가스교환

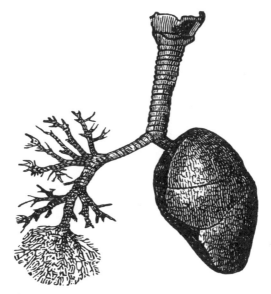

거꾸로 선 나무를 닮은 폐

이 쉽게 일어날 수 있습니다.

그러면 폐는 왜 이런 구조로 생겼을까요? 결론부터 말하면 짧은 시간 내에 많은 양의 가스를 교환하기 위해서입니다. 흉곽 내의 좁은 공간에 빽빽하게 들어찬 폐포를 모두 펴서 평면에 깔면 그 면적이 70제곱미터나 된다고 해요. 대략 테니스 단식코트 정도의 넓이입니다. 표면적을 이 정도로 넓히면 가스교환이 훨씬 더 빨리 많이 이루어지겠죠.

여기에 또 문제가 있습니다. 기관지에 연결된 수많은 폐포들의 크기가 모두 동일하지 않다는 겁니다. 폐포의 크기가 동일하지 않

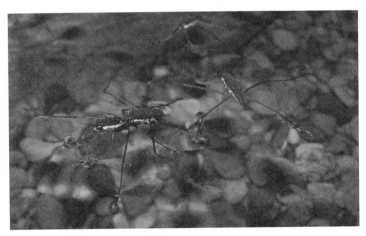
표면장력을 이용해 물에 뜨는 소금쟁이

으면 폐포 내의 기압도 다르겠죠. 그 경우 공기는 기압이 가장 낮은, 가장 큰 폐포로 몰리게 될 겁니다. 이게 바로 라플라스의 법칙입니다. 이 현상이 이해되지 않는다면 풍선으로 실험을 해봐도 좋습니다. 똑같은 풍선 3개를 사서 하나는 크게, 하나는 중간 정도, 하나는 작게 불어서 스토퍼가 달린 관으로 셋을 연결해보세요. 그러면 큰 풍선 쪽으로 모든 공기가 이동하는 모습을 볼 수 있을 겁니다.

라플라스의 법칙에 따르면 폐포 사이의 기압차 때문에 가장 큰 폐포 하나만 남고 나머지 폐포는 모두 쪼그라들고 말 겁니다. 이때 작용하는 힘이 바로 표면장력입니다. 이런 경우를 막기 위해 몸에서 특정한 폐포에 표면장력을 떨어뜨리는 물질을 분비하는 것이죠. 표면장력을 떨어뜨리면 내부의 기압도 떨어집니다. 따라서 크기가 작은 폐포에는 이 물질을 많이, 큰 폐포에는 적게 분비하여 폐포 속 기압을 같게 만드는 것입니다. 참 신기하죠? 갓 태어난 아이들 가운데는 간혹 이 기능에 이상이 생겨 호흡 곤란을 겪는 질병도 있습니다.

호흡 기능의 핵심
헤모글로빈

산소가 폐를 거쳐 모세혈관으로 들어간 다음에는 어떻게 될까요? 산소는 전신을 돌아 필요한 세포까지 운반되어야 하는데, 이 역할을 수행하는 것이 바로 헤모글로빈입니다. 지금껏 많은 사람들이 인공혈액을 만들고자 노력해 왔지만 애석하게도 헤모글로빈과 같은 특성을 지닌 물질을 만들지 못했습니다. 그래서 수술할 때처럼 출혈이 심한 경우에는 다른 사람의 피를 수혈받을 수밖에 없습니다.

모세혈관에 들어온 산소 가운데 98.5퍼센트는 헤모글로빈이 운반합니다. 헤모글로빈은 폐혈관처럼 산소 농도가 높은 곳에서는 산소와 결합하고 산소 농도가 낮은 조직세포에서는 미련 없이 산소를 내어줍니다. 그런 다음 조직세포의 대사산물인 이산화탄소와 결합하여 정맥혈을 통해 폐까지 운반하죠. 산소와 이산화탄소는 폐와 조직세포 간의 압력차 때문에 반대 방향으로 이동합니다.

이산화탄소는 중탄산이온의 형태로 혈장과 적혈구 속에 용해되어 운반됩니다. 이때도 헤모글로빈이 중요한 역할을 하지만 산소를 운반할 때만큼은 아닙니다. 폐에서 가스교환이 원활하게 일어나려면 필연적으로 순환이 제대로 이루어져야 합니다. 다시 말해 폐포를 감싸고 있는 모세혈관 내 혈액순환이 제대로 이루어져야 합니다.

빈혈 치료에는
왜 철분이 필요할까?

만약 헤모글로빈이 모자라면 어떻게 될까요? 세포의 산소 공급에 문제가 생기겠죠. 이를 빈혈이라고 합니다. 빈혈 치료제 중 대부분은 철 화합물인데, 이는 헤모글로빈 속 철이 산소와 결합했다가 유리되는 형태로 산소를 운반하기 때문입니다.

헤모글로빈이 산소와 결합하면 선홍색을 띠고 그 산소를 유리시키면 어두운 청색을 띠게 됩니다. 그래서 건강한 상태에서는 얼굴에 약간의 홍조가 돌지만, 몸에 이산화탄소가 축적되면 얼굴색이 파래집니다.

헤모글로빈의 작용과 관련해서 생각해 볼만한 것이 일산화탄소 중독이죠. 요즘에는 연탄을 난방연료로 사용하는 경우가 적어서 일산화탄소 중독이 거의 사라졌지만 말입니다. 일산화탄소는 헤모글로빈과 결합하고자 하는 힘이 산소보다 200배 정도 더 강합니다. 일산화탄소가 산소 농도의 200분의 1 정도만 있어도 헤모글로빈의 50퍼센트는 일산화탄소와 결합하게 됩니다. 그러면 혈액의 산소 운반 능력이 50퍼센트로 감소하기 때문에 빨리 치료하지 않을 경우 회복할 수 없는 지경에 이르게 됩니다.

일산화탄소 중독 외에도 체내에 산소가 부족한 경우가 있죠. 고산증이 바로 그런 경우입니다. 수천 미터 이상 높은 산에 올라가면 공기 속 산소량이 줄어들어서 호흡 장애가 옵니다. 어떤 사람들은 토하거나 쓰러지기도 합니다. 그래서 고산지대에 사는 사람들은 혈액 속 헤모글로빈 농도가 높은 형태로 적응했다고 합니다.

산에 오르지 않더라도 저산소증에 걸리는 경우가 있습니다. 가장 대표적인 것이 물에 빠졌을 때입니다. 그런데 저산소증은 아주 묘한 특징을 가지고 있습니다. 저산소증에 걸리면 기분이 스르르 좋아지면서 마치 마취 상태가 됩니다. 그래서 물에 빠지면 처음에는 허우적대다가 나중에는 술에 취한 것처럼 기분이 좋아지죠. 이 경우 본인은 저산소증에 빠졌음을 인식하지 못하기 때문에 물에서 나오려는 노력을 멈추고 익사하고 마는 것입니다.

호흡계는 상황별 적응력이 뛰어납니다. 운동할 때는 호흡수가 증가해서 산소를 더 많이 받아들이고 이산화탄소를 빨리 내보냅

산소가 부족한 환경에 적응한 고산족 사람들

니다. 높은 산에 올라 산소 분압이 떨어진 상황에서는 적혈구가 더 많이 생성되어 단위시간당 더 많은 산소를 받아들일 수 있는 형태로 바뀌고요.

새 피 줄게,
헌 피 다오!

일반적으로 폐순환은 체순환과 구분해서 설명합니다. 그만큼 다른 점이 많기 때문입니다. 폐로 가는 혈액은 우심실로 나가고, 전신으로 가는 혈액은 좌심실을 통해서 나갑니다. 따라서 단위시간당 좌심실에서 배출된 혈액량과 우심실에서 배출된 혈액량은 같습니다.

폐는 공기로 채워진 가벼운 장기이지만 산소를 받아들이고 이산화탄소를 내보내는 막중한 임무를 맡고 있기 때문에 엄청나게 많은 에너지, 즉 혈액이 요구됩니다.

폐의 부위별 혈류량은 자세에 따라 다릅니다. 누워 있을 때는 폐의 모든 부분이 심장과 거의 같은 혈압을 지닙니다. 서 있을 때에는 가운데 부분이 심장 혈압과 같고 아랫부분은 심장보다 낮으며 윗부분은 심장보다 높습니다. 아주 작은 차이이지만 중력 때문에 심장보다 아래에 있는 부분에는 혈액이 많이 가고 윗부분에는 혈액이 적게 갑니다. 그래서 폐 상부는 산소 농도가 높습니다. 결핵균이 이런 조건을 좋아하기 때문에 대부분의 폐결핵이 폐 상부에서 시작하지요.

치매를 부르는
수면무호흡증

호흡 기능은 뇌에 있는 호흡중추에서 조절합니다. 호흡중추에서는 의식·무의식적으로 호흡근에 명령을 내려 호흡 기능을 수행하죠. 만약 뇌에서 호흡근으로 이어진 신경이 손상되면 인공호흡기를 연결해서 강제 호흡을 시켜

야 합니다. 이런 손상은 목이 부러지는 일이 종종 발생하는 미식축구 선수들에게 많습니다.

호흡곤란은 신생아 호흡곤란증이나 수면무호흡증에서 볼 수 있습니다. 수면무호흡증은 자는 중에 얼마간 숨을 쉬지 않는 경우를 말하는데 대개 코골이를 동반합니다. 이 경우 갑자기 호흡이 멈췄다가 다시 시작되는 일이 하룻밤새 몇 번씩 반복됩니다. 이때는 일시적으로 호흡이 중단되기 때문에 뇌에 충분한 혈액이 가지 못해 치매 같은 뇌질환이 생길 위험이 높습니다. 수면무호흡증은 주로 중년 이상의, 체중이 많고 목이 짧고 두꺼운 체형을 지닌 사람에게 잘 생깁니다. 치료 방법은 여러 가지가 있지만 최근에는 정상보다 기압이 약간 높은 공기를 주입하여 호흡하게 하는 양압기가 널리 사용되고 있습니다.

기관지가 좁아져서 호식이 잘 안 되는 천식 또한 폐질환으로 볼 수 있습니다. 천식은 대개 알레르기와 관계가 있습니다. 요즘은 대기 오염, 흡연, 노화 등 여러 가지 원인 때문에 만성 호흡기질환이 많이 생깁니다. 또 만성 폐쇄성 폐질환의 발병률이 급격히 높아졌고 사망률도 높은 편입니다. 특히 흡연은 폐암을 비롯하여 심장질환, 혈관질환, 호흡기질환 등을 다양한 병을 일으키므로 삼가는 편이 좋습니다.

5

감각계,
우리 몸 밖에서는
무슨 일이?

우리는 어떻게 몸 안팎에서 일어나는 여러 가지 변화들을 인지하고 느끼는 걸까요? 인체에는 몸속에서 일어나는 현상들을 관리하는 시스템뿐 아니라 몸 밖에서 일어나는 일을 모니터하는 감각 기관이 있기 때문이죠.

　감각이란 자극을 받아들여 그 의미를 파악하는 상당히 주관적인 경험입니다. 사람들은 자기가 느끼는 감각이 객관적인 사실이라고 생각하지만 사실은 그렇지 않죠. 여러 감각 중에서 가장 객관적이라고 여겨지는 시각에도 주관이 개입할 여지가 큽니다. 청각이나 미각, 후각 등의 주관성은 말할 것도 없고요. 결국 감각이란 그것을 어떻게 받아들이느냐에 달린 것이죠.

암호를 만드는 감수기와
그것을 해독하는 뇌

감각기관에는 감각을 인식하는 수용체가 있는데 이를 감수기라고 부릅니다. 신경과 연결된 감수기는 모든 정보를 암호화해서 뇌에 전달합니다. 그렇기 때문에 암호화된 신호만 보고는 그 정보의 내용이 무엇인지 알 수 없습니다. 암호를 해독하는 것은 감각기관이 아니라 뇌이기 때문이죠. 뇌가 해독한 암호가 곧 우리가 느끼는 감각입니다. 결국 감각이란 감수기에서 받아들인 정보가 암호화되어 뇌에서 해독되기까지의 과정이라고 할 수 있습니다.

감수기를 통해 들어온 정보를 감각기관이 어떻게 처리하는지에 대해서는 완전히 밝혀지지 않았습니다. 다만 자극의 종류와 강도, 자극이 오는 부위와 그 자극의 지속 시간 등이 암호화되어 뇌에 전달된다는 사실이 밝혀졌죠. 앞으로 감각기관에서 정보를 처리하는 과정이 자세히 밝혀진다면 여러 가지 혁명적인 도구나 기계를 개발할 수 있을 겁니다.

앞서 감수기는 자극을 인식하여 전기적인 신호를 암호화하는 역할을 한다고 했죠. 흥미롭게도 감수기는 특정한 형태의 자극에만 반응합니다. 예를 들어 시각을 담당하는 눈은 오직 빛 자극에 대해서만 반응하고, 소리나 냄새 등 다른 종류의 자극에는 반응하지 않습니다. 다만 강도가 센 기계적 자극에 반응할 때도 있는데 어딘가에 쾅 부딪혀서 눈에서 불이 번쩍 나는 경우가 그렇습니다. 하지만 이 경우는 본래 빛 자극이 아니기 때문에 감각이 뚜렷하지 않습니다.

이 외에도 몸이 느끼는 자극의 종류는 다양합니다. 청각이나 촉각처럼 기계적인 자극을 인식하는 감수기도 있고, 온도를 느끼는 감수기도 있습니다. 미각이나 후각처럼 화학물질을 느끼는 감수기도 있죠. 앞서 열거한 경우는 자극의 형태가 분명하기 때문에 특수감각이라고 부릅니다.

느끼는 사람마다
다른 통각

한편 자극의 형태나 감수기의 특성이 애매한 감각도 있습니다. 이런 경우를 일반감각이라고 합니다. 대표적인 것은 아픔, 즉 통증을 느끼는 통각입니다. 몸에 해로운 자극에 반응하는 것이죠. 실제로 통각 자체나 통각을 인지하는 통각감수기는 분명하지 않고 애매모호합니다.

통각은 환경이나 심리 등 다양한 인자에 의해 영향을 받기 때문에 그 정도를 측정하기가 대단히 어렵습니다. 예를 들어 인간이 느끼는 가장 극심한 통증 중 하나라는 진통 역시 사람마다 발현되는 정도나 느끼는 정도가 다르죠. 또 특정한 부분에서 통증을 느끼더라도 다른 부분에 더 강한 자극이 오면 처음의 통증이 잊히기도 합니다. 이처럼 통각의 정도는 여러 가지 인자에 의해 달라지기 때문에 그 크기를 객관화하기가 어렵습니다.

통각은 인간이 살아가는 데 필수적인 감각으로, 주변의 위험으로부터 우리 몸을 보호하는 기능을 합니다. 만약 우리가 통각을 느끼지 못한다면 위험에 둔감해져서 금방 상처투성이가 되고 말겁니다. 무언가에 부딪히고 찢기고 찔리는 일이 다반사가 되겠죠. 통각이 있기 때문에 그런 일을 예방할 수 있는 것입니다.

아픔, 즉 통증을 일으키는 자극은 무엇일까요? 의학적으로 통각은 3단계로 나눌 수 있습니다. 바늘로 손가락을 찌르면 처음에는 날카롭고 빠른 통증이 옵니다. 이게 1차 반응입니다. 그러다가 시간이 조금 흐르면 얼얼하게 아픈 통증이 오는데 이게 2차 반응이죠. 마지막 3차 반응은 찔린 부분이 빨갛게 부어오르면서 느껴지는 통증을 말합니다.

병원 처치의 주된 내용 중 하나가 통증을 조절하는 것이죠. 통증 조절을 위해 가장 널리 사용되는 방법은 물론 진통제이지만 진통제는 지나치게 많이 섭취할 경우 내성이 생기는 등의 문제가 있습니다. 그래서 경우에 따라서는 신경을 자극해서 통증을 느끼지 못하게 하거나 특정 부위에 침을 놓아서 통증을 경감시키기도 하고, 최면마취를 하기도 합니다. 말기 암 환자처럼 통증이 심한 경우에는 통각신경을 절단하거나 전두엽을 절제하기도 합니다.

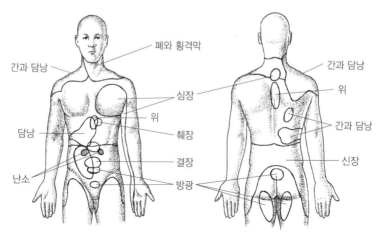

연관통의 위치

어깨 통증이
간 때문이라고?

통각과 관련해서는 연관통이 상당히 재미있습니다. 연관통이란 문제 부위와 무관한 듯 보이는 부위에 통증이 오는 경우를 말합니다. 예를 들어 심장이 좋지 않은 사람은 왼쪽 어깨에서 팔까지 이어지는 부분에서 통증을 느끼고, 간이 나쁜 경우에는 오른쪽 어깨가 아프기 쉽습니다. 또 소장이 아픈 경우에는 배꼽 주위, 횡격막은 어깨, 대장은 배꼽 아래, 식도는 가슴에 통증이 옵니다.

유령통 또한 특수한 형태의 통각입니다. 유령통이란 절단 등으로 인해 더이상 존재하지 않는 부분에서 통증이 느껴지는 이상한 경우를 말합니다. 예를 들어 어떤 사람이 사고로 다리를 절단했다고 합시다. 이 사람에게는 다리 자체가 없기 때문에 다리에서 통증을 느끼는 것은 불가능합니다. 그런데도 엄지발가락이 아프다고 통증을 호소하는 겁니다. 존재하지 않는 부위에서 느끼는 통증이기 때문에 유령통이라는 이름이 붙은 거죠.

통증을 전달하는 신경계의 손상 또는 변형으로, 통증의 원인이 해결된 후에도 아픔이 가시지 않는 신경병증성통증도 있고, 겨울처럼 건조한 계절에 자주 생기는 가려움증 역시 통각이 변형된 형태라고 알려져 있습니다.

포식자의 눈을 가진
인간

특수감각 가운데 사람들이 가장 중요시하는 감각은 시각입니다. 감각세포의 75퍼센트를 시각세포가 차지하고, 대뇌피질의 70~80퍼센트가 시각정보 분석에 관여하는 것을 보면 그런 생각이 크게 틀리지는 않는 것 같습니다.

인간은 우주에 존재하는 빛의 스펙트럼 가운데 아주 좁은 범위의 파장만 볼 수 있습니다. 이를 가시광선이라고 하죠. 빨주노초파남보의 일곱 빛깔 무지개 가운데 파장이 가장 긴 것은 빨간색이고

눈의 위치가 다른 초식동물과 육식동물

가장 짧은 것은 보라색입니다. 빨간색보다 파장이 더 긴 것이 적외선이고, 보라색보다 파장이 짧은 것이 자외선이죠. 결국 자외선과 적외선 사이에 가시광선이 끼어 있는 셈입니다.

인간의 눈은 머리의 전면을 향해 있고 눈 사이의 거리가 매우 가깝습니다. 이런 형태의 눈은 대개 포식자에게서 볼 수 있습니다. 두 눈이 전면을 향해 있으면 눈 앞에 있는 사물의 공간적 위치를 파악하기 쉬워 다른 동물을 사냥하는 데 유리합니다. 반면 초식동물처럼 다른 동물의 사냥감이 되기 쉬운 동물들은 두 눈이 머리 양옆에 위치하거나 눈 사이가 먼 경우가 많습니다. 주변 환경을 넓게 보고 포식자에게서 빨리 도망갈 수 있게 진화된 것이죠.

카메라 렌즈를
닮은 눈?

학창 시절 눈에 대해 배운 것 하면 제일 먼저 떠오르는 내용이 눈의 구조를 카메라와 비교한 부분일 겁니다. 주로 수정체에서 빛이 굴절되어 망막에 거꾸로 상을 맺는다고 배우죠. 하지만 이는 눈의 기능 중 극히 일부에 불과합니다.

우선 눈의 구조에 대해 살펴봅시다. 눈의 가장 바깥쪽에는 각막이 있고 그 속에 홍채와 동공이 자리 잡고 있습니다. 동공 안쪽에 액체로 가득 찬 수정체가 있고 눈 뒷부분에는 망막이 위치해 있죠.

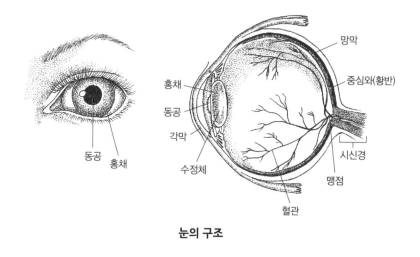

눈의 구조

망막은 맺힌 상을 신경신호로 바꿔 시신경에 전달합니다.

홍채는 카메라의 조리개처럼 빛의 강도에 따라 동공의 크기를 조절합니다. 홍채의 형태와 색은 사람마다 다릅니다. 신분을 확인하는 데 홍채 인식을 쓰는 것도 그 때문이죠. 홍채의 색깔은 멜라닌색소에 의해 결정되는데, 이 색소가 많으면 눈이 흑갈색이나 갈색을 띠고, 적으면 초록색이나 파란색 등을 띱니다. 동서양 사람들의 눈 색깔이 다른 것은 결국 멜라닌색소의 양 차이 때문이죠.

홍채는 직물 모양으로 되어 있는데요. 그 모양이 촘촘한지 듬성듬성한지에 따라 사람의 성격이나 체질이 달라진다고 보는 홍채학이라는 것도 있습니다. 여기에 따르면 촘촘한 모양의 홍채를 가진 사람은 강하고 급한 성격을, 듬성듬성한 모양의 홍채를 가진 사람은 느긋한 성격을 가지고 있다고 합니다.

동공을 지나온 빛은 수정체에서 굴절되어 망막에서 상을 맺습니다. 흔히 눈은 마음의 창이라고 이야기하지만 실제로는 뇌와 혈관의 창입니다. 동공을 가만히 들여다보면 망막에 정맥과 동맥이 많이 분포해 있는 것을 확인할 수 있거든요. 인체에서 동맥과 정맥 모두를 적나라하게 보여주는 유일한 곳이 바로 망막입니다. 그런 이유로 당뇨나 고혈압 환자들은 안과에서 주기적으로 망막 검사를 받습니다. 혈압 조절이 안 되면 당뇨망막병증이나 망막혈관 폐쇄 등이 발생할 확률이 높기 때문입니다.

시신경을 통해 시각정보를 전달하는 시각세포들이 모이는 곳도 망막입니다. 흔히 망막을 카메라의 필름 혹은 센서에 비유하는데, 실제 망막은 훨씬 더 복잡하게 이루어져 있습니다. 망막 중심부에서 관자놀이 쪽으로 약간 떨어진 곳에 직경 1.5밀리미터 정도의 함몰부가 있습니다. 이것을 중심와 또는 황반이라고 부릅니다. 이곳은 빛깔을 분간하는 힘과 시력이 가장 뛰어난 부분이라고 알려져 있습니다.

망막에는 두 가지 시각세포가 있는데 하나는 원뿔세포고 다른 하나는 막대세포입니다. 이 가운데 물체를 비교적 정확하게 보고 색을 구분하는 원뿔세포는 주로 중심와에 모여 있으며 낮에 활동합니다. 반면 막대세포는 망막 전체에 퍼져있고 빛을 예민하게 감지해서 아주 약한 빛도 볼 수 있습니다. 어두운 밤에는 원뿔세포

대신 막대세포가 활동하죠. 다만 막대세포는 물체의 형체만 구분할 뿐 색은 구분하지 못합니다.

원뿔세포와 막대세포는 시각정보를 전기신호로 바꾸는 역할을 합니다. 여기서 변환된 시각정보를 뇌의 시각중추까지 전달하는 것이 중심와 오른쪽에 위치한 시신경입니다. 그런데 물체의 상이 시신경에 맺히면 그 상을 인지할 수 없습니다. 이곳에는 시각세포가 없기 때문이죠. 일반적으로 한 눈 보기를 하면 이 같은 맹점이 분명하게 나타나지만 두 눈 보기를 하면 맹점이 상쇄되어 나타나지 않습니다.

동공을 통해 들어온 빛이 수정체를 채운 액체를 통과해 망막에 상을 맺고, 망막에서 처리된 시각정보는 시신경을 타고 뇌로 들어갑니다. 후두부의 시각중추에서 이 정보를 인식하고 분석하죠. 물론 대뇌피질의 다른 부위도 직간접적으로 시각과 밀접한 관계를 맺고 있습니다.

안과 의사들은
왜 안경을 쓸까?

빛을 굴절시켜 상을 정확하게 맺는 것이 수정체의 역할이죠. 이 같은 눈의 굴절력에 이상이 생기면 근시 또는 원시가 됩니다. 근시는 상이 망막 앞쪽에 맺혀 멀리 있는 것이 잘 보이지 않는 경우를 말하고, 원시는 상이 망막 뒤쪽에 맺혀 가까이 있는 것이 잘 보이지 않는 경우를 말합니다. 그 때문에 근시는 오목렌즈로, 원시는 볼록렌즈로 교정합니다.

눈의 굴절력을 표시할 때 디옵터라는 단위를 쓰는데, 디옵터란 초점거리를 미터로 표시한 값의 역수입니다. 근시는 디옵터 값을 마이너스로, 원시는 플러스로 표시합니다.

요즘 근시나 원시를 교정하기 위해 라식수술을 많이 하죠. 보통은 라식수술 후에도 시력 회복이나 일상생활에 큰 문제가 없습니다. 하지만 함부로 라식수술을 하면 안 되는 사람들이 있습니다. 프로골퍼처럼 거리감, 입체감 등을 예민하게 인지해야하는 직업을 가진 사람들이 그렇죠. 라식수술을 하면 시력은 좋아지지만 공간감각에 문제가 생길 가능성이 높습니다. 그래서 미세한 부위를 수술하는 안과 의사들은 라식수술을 받지 않고 안경을 씁니다.

젊을 때는 수정체가 맑고 기능도 좋지만 나이가 들수록 눈이 점점 흐려지고 조절 능력도 떨어지기 시작합니다. 자연스럽게 가까이 있는 물체가 흐리게 보이는 원시가 되는 것이죠. 그게 바로 노안입니다. 대개 노안은 40대 이후에 갑작스럽게 찾아온다고 생각하지만 실은 20대부터 서서히 진행되고 있다가 40대가 되어서야 증상을 나타내는 것 뿐입니다.

백내장, 녹내장, 망막 박리

수정체가 혼탁해져서 뿌옇게 되는 경우를 백내장이라고 합니다. 백내장은 인공 수정체를 넣어 치료할 수 있습니다. 백내장이 왔을 때는 주변이 흐리게 보입니다. 눈에 있는 부유물 때문에 눈 앞에 모기가 날아다니는 것처럼 느끼는 경우를 비문증이라고 하는데, 이 증세 또한 수정체의 혼탁 때문에 생긴다고 알려져 있습니다.

안구를 채운 액체는 끊임없이 생산되고 빠져나가며 지속적으로 순환합니다. 그 덕분에 눈을 구성하는 여러 조직들이 제대로 기능할 수 있죠. 그러나 이 액체가 과도하게 생산되거나 제대로 빠져나가지 않으면 안압, 즉 안구 속 압력이 올라갑니다. 녹내장은 안압이 높아진 상황을 말합니다. 녹내장을 바로 치료하지 않으면 망막이나 시신경이 손상을 받아 시력이 감퇴되고 심하게는 실명까지 갈 수 있습니다.

망막이 주위 조직에서 떨어져 나오는 현상을 망막 박리라고 합니다. 망막과 관련된 질병이 있거나 눈 주위에 계속적인 충격을 주면 망막 박리가 일어날 수 있습니다. 망막이 박리되면 레이저나 수술적인 방법으로 다시 붙이는데 한번 떨어진 망막은 언제든 다시 떨어질 수 있기 때문에 특별히 조심해야 합니다. 기타 망막 질환으로는 황반변성, 망막 출혈 등이 있습니다.

빛과 어둠에 반응하는
시각세포가 따로 있다!

순응은 일상에서 자주 경험하는 현상입니다. 영화가 시작하기 직전 조명이 꺼지면 당장은 아무것도 보이지 않죠. 그러다 약간의 시간이 지나면 점차 주변이 보이기 시작합니다. 그 과정을 암순응이라고 합니다. 말 그대로 어둠에 적응한다는 뜻이죠. 반대로 영화가 끝나고 햇빛이 있는 밖으로 나오면 갑작스러운 눈부심을 느끼다 곧 적응하게 되는데 이를 명순응이라고 합니다.

순응은 시각세포의 특성에 의해서 나타나는 현상입니다. 막대세포에 의해서 나타나는 암순응은 적응 시간이 길고, 원뿔세포에 의해서 나타나는 명순응은 적응 시간이 짧습니다. 그 때문에 어둠에 완전히 적응하는 데는 10~30분 정도나 걸리지만 빛에 적응하는 데는 잠깐밖에 걸리지 않죠.

눈에 강한 빛을 쏘면 동공이 줄어들고 어두운 곳에 들어가면 동공이 확대되죠. 이것이 바로 광반사입니다. 응급실에 환자를 싣고가면 의사들이 맨 먼저 눈에 불을 비춰 동공이 움직이는지부터 확인하죠. 이는 광반사를 통해 뇌가 제대로 기능하고 있는지를 살피는 것입니다. 만약 환자가 광반사를 보이지 않으면 뇌 손상이 있는 것으로 판단합니다.

신호와 소음을
구별하는 인간의 귀

청각은 의사소통에서 없어서는 안 될 중요한 감각입니다. 아무리 재미있는 영화라도 소리 없이 화면만 보면 재미가 없죠. 시각과 청각이 함께 어우러져야 제대로 된 역동성을 느낄 수 있습니다. 청각의 대상이 되는 소리는 사실 공기의 진동입니다. 흔히 쓰는 주파수라는 말은 단위 시간당, 대개는 1초당 한 점을 통과하는 파동의 수를 말하죠. 사람이 들을 수 있는 소리의 주파수, 즉 가청주파수는 20~20000헤르츠 정도입니다.

인간의 가청주파수 범위는 그리 넓은 편은 아닙니다. 어쩌면 그 편이 사는 데에는 더 나을지도 모르고요. 한편 동물의 종류에 따라 들을 수 있는 소리의 주파수가 다른데, 고래는 사람보다 낮은 소리와 높은 소리를 훨씬 잘 듣습니다. 박쥐는 높은 소리를 잘 듣고 그 소리의 반사를 통해 음원의 방향과 거리를 식별할 수 있죠. 이 원리를 응용한 것이 바로 레이더입니다. 사람은 어느 쪽 귀에 소리가 먼저 도달하는가로 소리의 방향을 판단합니다.

소리의 크기는 데시벨로 표시하는데 1미터 거리에서 속삭였을 때 들리는 소리를 0데시벨이라고 합니다. 4미터 거리에서 대화하는 소리의 크기는 40데시벨, 복잡한 시내의 소음이나 디스코텍에서 나는 소리는 80데시벨, 아스팔트를 파내는 기계 소리는 120데시벨, 제트기 엔진 근처는 160데시벨입니다. 오랜 시간 80데시벨

이상 되는 소리를 들으면 청각을 잃을 수 있고, 시끄러운 환경에서 계속 일하면 직업성 난청이라는 청력 장애가 올 수 있습니다. 때로는 일부 항생제가 청력 장애를 일으키기도 합니다.

환영이나 환각을 보는 일은 드문 반면, 환청을 듣는 일은 비교적 흔합니다. 다른 사람에겐 들리지 않는 소리가 본인에게만 들리는 거죠. 환청은 심리적 요인과 밀접한 관련이 있습니다. 흥미롭게도 나폴레옹 시대에는 나폴레옹이 자신에게 개인적인 이야기를 했다고 믿는 환청 환자들이 많았다고 합니다.

소리는 어떻게
인지되는가?

인간의 귀는 소리를 모아 고막까지 전달하는 외이, 공기의 진동을 액체의 진동으로 변환하는 고막과 이소골 등이 들어 있는 중이, 소리를 인식하여 전기신호로 변환하는 내이로 구성되어 있습니다.

소리는 외이를 통해 고막에 전달되고 고막에서는 그 소리를 증폭시켜 이소골로 전달합니다. 이소골은 고막에 연결된 작은 뼈 3개, 즉 망치골, 모루골, 등자골로 이루어집니다. 이소골의 형태는 거의 진화되지 않아서 하등동물, 고등동물 할 것 없이 생김새가 매우 비슷하다고 합니다. 이소골의 역할은 달팽이관 속 액체를 진동

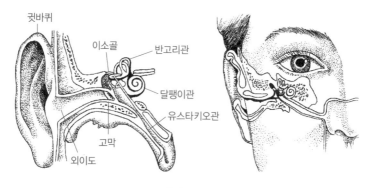

귀의 구조

시켜서 소리를 느끼게 하는 것입니다. 3개의 이소골은 지렛대의 원리를 통해 효율적으로 힘을 전달하죠.

나이가 들면 이소골의 지렛대가 제대로 움직이지 않고, 들을 수 있는 소리의 스펙트럼도 달라집니다. 그래서 노인이 되면 소리를 잘 못 듣는 경우가 많은데 이를 노인성 난청이라고 부릅니다. 노인성 난청의 경우 소리를 크게 하면 들을 수 있습니다.

중이에는 인두와 연결된 관이 있는데 이를 유스타키오관이라고 부릅니다. 이 관은 중이의 압력을 대기압과 같도록 맞추는 역할을 합니다. 그 덕에 기압이 급변하는 비행기 이착륙 시에도 귀를 보호할 수 있는 것이죠. 물론 약간의 먹먹함은 있지만요. 영아기에는 유스타키오관이 덜 발달된 상태이기 때문에 비행기가 뜨거나 내릴 때 큰 통증을 호소하는 경우가 많습니다. 그럴 때는 젖이나 물을 먹여서 유스타키오관을 열어 주어야 합니다. 한편 감기에 걸리면 가끔씩 귀에 통증을 느끼기도 하는데, 대개는 이 유스타키오관이 막혀서 그렇습니다.

귀의 가장 안쪽에 위치한 내이는 달팽이관과 전정기관, 세 개의 반고리관으로 이루어져 있습니다. 이중 달팽이관은 말 그대로 달팽이를 닮았다고 하여 붙여진 이름입니다. 관이 두 바퀴 반 정도 감겨 있죠. 내이는 구조가 몹시 복잡해서 흔히 미로에 비유합니다. 이 미로는 림프액으로 가득 차 있고, 림프액 속에는 소리를 전기신호로 바꾸는 유모세포들이 질서 정연하게 자리를 잡고 있습니다.

물 속에서는 공기의 진동이 잘 전달되지 않기 때문에 림프액에 잠긴 유모세포는 원칙적으로 소리를 전달받을 수 없습니다. 물 속에 있으면 물 밖에서 나는 소리가 잘 들리지 않는 것과 같은 이치죠. 이때 중이가 소리를 액체의 진동으로 바꾸어 유모세포까지 전달합니다.

내이는 피아노 건반과 비슷합니다. 특정 부위를 누르면 특정한 소리를 느끼거든요. 낮은 소리, 높은 소리와 큰소리, 작은 소리를 구분해서 듣는데 보통 사람이 대화하는 소리는 낮은 소리입니다.

몸의 위치와
자세를 잡는 평형감각

평형감각은 3차원 공간에서 우

리 몸이 어떤 위치에 있고 어떤 방향으로 움직이는지를 인식하고 그 정보를 토대로 자세를 바로잡는 기능을 합니다. 이때 시각 정보가 중요한 역할을 합니다.

평형감각 감수기는 달팽이관과 붙어 있고 3개의 반고리관으로 구성되어 있으며, 내부는 림프액으로 차 있습니다. 감각 수용은 유모세포가 담당합니다. 유모세포는 아주 작은 탄산칼슘 돌을 가지고 있습니다. 이것을 전정기관이라고 부릅니다. 전정기관은 전후좌우, 상하의 직선운동과 회전운동을 인식합니다. 차멀미, 뱃멀미 등은 모두 전정기관의 과민한 활동에 의하여 일어나는 현상입니다.

전정기관의 기능에 이상이 생기면 심한 어지럼증을 느낄 수 있습니다. 술에 취해 몸을 가누지 못하고 비틀거리는 것 역시 전정기관의 기능 저하에서 오는 증상입니다. 또 근래에는 전정기관에 원인을 알 수 없는 바이러스 염증이 생기는 경우가 많다고 합니다.

미각과 후각은
구분할 수 없다?

미각은 혀의 표면에 존재하는 미뢰를 통해 입 속에 녹아 있는 음식물의 맛을 느낍니다. 원래는 혀의 위치에 따라 느끼는 맛의 종류가 다르다고 알려져 있었는데 현재는 모두 사실이 아님이 밝혀졌습니다. 인간이 느끼는 맛에는 단맛, 짠맛, 신맛, 쓴맛 그리고 근래에 추가된 감칠맛 등이 있는데 혀의 모든 부위에서 이 맛들을 느낀다고 합니다. 미각은 나이, 호르몬, 온도 등에 따라 다르게 느끼며 후각과 밀접한 연관을 가지고 있습니다.

후각은 코에 있는 감각기를 통하여 공기 속 냄새를 인지합니다. 후각은 자극이 오래 지속되면 쉽게 순응하는 특징이 있으며 남자보다 여자가 예민하다고 알려져 있습니다. 후각도 노화나 바이러스 감염증, 뇌손상 등에 의해 기능이 현저히 감퇴됩니다.

흔한 착각 중에 하나가 미각과 후각을 구분할 수 있다는 것입니다. 물론 둘은 각각 다른 기관에서 담당하지만 둘의 역할 자체는 뚜렷이 구분되지 않습니다. 실제로 미각은 후각이 없이는 제대로 작동하지 못합니다. 가령 여러 종류의 탄산음료를 준비해서 눈을 감고 코를 막은 채 그것이 무엇인지 맞혀보세요. 아마 대부분은 맛을 구별하지 못할 겁니다. 혀만으로 맛을 정확하게 구분한다는 것은 불가능에 가깝거든요.

미각과 후각을 느끼는 것은 코와 혀지만 그 느낌을 인지하고 분류하는 것은 감각기관이 아니라 뇌입니다. 따라서 맛과 냄새 역시 경험에 따라서 달라질 수 있어요. 어렸을 때 여러 가지 맛을 학습해야 하는 것도 바로 그 때문입니다.

6

소화,
우리 몸의
공업단지

얼마 전까지만 해도 한국인들에게 가장 흔한 질환은 위장관질환이었습니다. 병원에 가면 소화기 내과 환자가 가장 많았고, 의대생들에게 가장 인기 있는 과 역시 소화기 내과였죠. 소화기 문제가 많았던 건 그만큼 먹고 살기 힘들었기 때문입니다. 하지만 생활이 점점 나아지면서 소화기질환보다는 당뇨나 심장병 등 선진국형 질병이 많이 생겼습니다. 어느 나라든 사망 원인이나 질병 패턴은 그 나라의 국민소득과 밀접한 관계가 있죠.

인간은 음식을 통해 생존에 필요한 영양분을 섭취합니다. 맛을 느끼고 즐기는 것도 굉장히 중요하고요. 이 장에서는 우리 몸이 섭취한 음식을 어떻게 영양분으로 바꾸는지, 그리고 그 역할을 수행하는 소화기관들이 어떻게 구성되고 어떻게 활동하는지 알아보겠습니다.

입에서 항문까지,
길고 긴 소화의 과정

소화기관은 입에서 시작해서 항문에 이르는 각기 다른 모양의 긴 관으로 연결되어 있습니다. 이것들을 통칭해서 위장관이라고 부르는데, 후두, 식도, 위, 소장, 대장 등이 여기에 해당합니다. 이 외에 췌장, 간, 담낭 등이 소화부속기관으로 분류됩니다. 위장관과 부속기관을 합쳐서 소화기관이라고 하고요.

위장관은 물론 우리 몸속에 있죠. 하지만 위장관 속의 음식물은 몸 밖에 있다고 봅니다. 음식물이 어떤 형태로든 흡수되어서 혈액 속으로 들어가야 몸에 들어왔다고 말할 수 있기 때문입니다.

우리가 섭취한 음식물의 대부분은 있는 그대로 사용할 수 없습니다. 섭취한 영양분을 몸이 사용할 수 있는 형태로 바꿔주는 것이 바로 소화기관의 임무죠. 결국 소화란 입으로 삼킨 음식물이 여러 과정을 거쳐 부서지고 섞여 마침내 혈액에 흡수되고 남은 찌꺼기가 항문을 통해 배설되기까지의 과정을 이르는 말입니다.

소화는 크게 기계적 소화와 화학적 소화로 나뉩니다. 먼저 기계적인 소화란 섭취한 음식물을 기계적으로 잘게 부수고 섞어주는 것을 말합니다. 대개 기계적 소화 하면 치아로 음식을 씹는 것만 떠올리지만 실은 소화관 전체에서 기계적 소화가 일어납니다.

화학적 소화도 소화관 전체에서 일어나지만 주로는 소화효소를

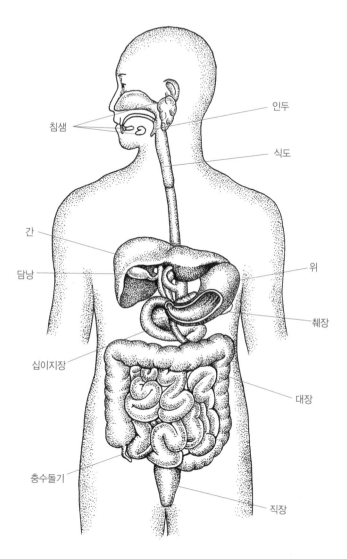

침샘

인두

식도

간

담낭

위

췌장

십이지장

대장

충수돌기

직장

소화기관의 대강

분비하는 췌장이 중심이 됩니다. 화학적 소화는 복잡한 구조를 가진 물질을 이용 가능한 형태로 분해하는 것입니다. 예를 들어 쌀의 주성분은 전분인데 전분 자체는 그대로 이용할 수 없기 때문에 전분을 소화시켜 포도당 같은 단당류로 쪼개주는 것이죠.

포도당보다 큰 탄수화물은 인체에서 바로 사용할 수 없습니다. 단당 두 개가 붙어있는 설탕이 그 대표적인 경우입니다. 설탕 역시 그 자체로는 사용이 불가능하기 때문에 반드시 포도당과 과당으로 쪼개야 합니다.

이렇듯 영양분을 인체에서 사용 가능한 형태로 분해하는 것이 화학적 소화의 핵심입니다. 물론 분해된 음식물을 혈액이나 림프로 흡수하는 것도 중요한 소화 과정에 속하지만요. 이 과정은 주로 소장에서 일어납니다.

식사 후에는
편안한 휴식을

소화는 자율신경계의 조절을 받습니다. 자율신경계란 우리의 의지와 상관없이 활동하는 신경계를 말하죠. 자율신경계는 다시 교감신경과 부교감신경으로 나뉘는데, 소화기관이 자율신경계의 지배를 받는 양상은 심장의 경우와 정반대입니다. 즉 교감신경이 소화기능을 억제하고, 부교감

신경이 소화기능을 촉진하죠. 이유는 분명합니다. 교감신경은 당장 죽고 사는 문제와 관계되는 신경이고, 부교감 신경은 당장이 아니라 미래를 위한 신경이기 때문입니다.

심장을 필두로 한 순환계 활동에는 개체의 생사가 달려있습니다. 생명을 보존하고 외부의 적이나 해로운 물질에서 스스로를 보호하는 신경 활동은 대체로 교감신경이 맡아서 합니다. 하지만 한두 끼 안 먹는다고 죽지는 않죠. 따라서 소화 기능은 별다른 위험 요소가 없는 평화로운 시간에 활동을 합니다. 이때가 바로 부교감 신경이 나설 때죠.

따라서 식사 후에는 편안한 마음으로 휴식을 취해야 합니다. 그러지 않고 갑자기 몸을 급격하게 움직이면 반드시 배가 아픕니다. 식사 후 심한 운동을 하면 소화기로 가는 혈액이 줄어들고 교감신경이 촉진되어 소화 기능이 억제되기 때문입니다.

운동뿐 아니라 스트레스도 소화에 부정적인 영향을 줍니다. 여러분도 시험을 앞두고 소화불량을 겪은 적이 있을 겁니다. 이는 신경총이라고 불리는 신경세포의 집합체가 소화기관에 분포하고 있기 때문입니다. 구조가 상당히 복잡한 신경총은 10가지 이상의 소화호르몬을 분비하여 소화 기능을 조절합니다.

씹고 뜯고
맛보고 즐기고

소화의 첫 번째 단계는 입 안에서 음식물을 씹는 저작입니다. 이 과정에서 치아는 음식물을 삼키기 적당한 크기로 분쇄합니다. 침샘에서 분비된 침은 음식물을 섞어줄 뿐 아니라 소화효소로도 기능합니다. 실제로 99.5퍼센트가 물로 이뤄진 침에는 일부 이온과 소화효소가 들어있습니다.

음식을 씹고 삼키는 과정은 우리의 건강과 삶의 질에 중요한 영향을 미칩니다. 특히 혀를 통해 느끼는 즐거움을 절대 무시할 수 없죠. 또 저작 과정에는 치아 건강이 중요합니다. 치아에서 유래하는 질병이 적지 않고 치아가 튼튼하지 않으면 소화 기능에 문제가 생길 수도 있으니까요. 그러므로 치아 건강은 신체 건강과 직결된다고 볼 수 있습니다. 실제로 장수하는 사람들의 대부분은 치아가 건강합니다. 예로부터 치아 건강이 오복의 하나로 꼽혔던 것도 그런 이유에서였을 겁니다.

최근에는 나중에 임플란트 시술을 받을 요량으로 치아 건강에 소홀한 사람들이 많습니다. 하지만 그것은 어리석은 생각입니다. 임플란트를 하려면 잇몸과 뼈가 튼튼해야 하거든요. 실제로 골다공증이 있으면 임플란트 나사를 심을 수 없습니다.

목 안쪽과 코 뒷부분에는 편도라는 림프조직이 있습니다. 이곳은 바이러스나 세균 등으로부터 우리 몸을 방어하는 역할을 합니다. 감기균을 차단하는 1차 관문인 셈이죠. 편도에 염증이 생기면 목이 붓는데 심할 경우 말을 잘 못하는 상황까지 벌어지기도 합니다. 이는 편도를 포함한 구강이 타액선의 도움을 얻어 의사소통 기능을 하기 때문입니다.

음식물을 삼키는 데에는 간단하지만 매우 중요한 원리가 작용합니다. 식도로 넘어갈 것과 기도로 넘어갈 것을 구분하는 것이 그것이죠. 음식물을 삼킬 때는 후두개가 기도를 닫는 대신 식도를 열고, 호흡할 때에는 반대로 식도를 닫고 기도를 엽니다.

후두개에 문제가 생겨 음식물이 기도로 넘어가는 경우를 '사레 들린다'고 합니다. 대개는 기침 몇 번 하면 나아지지만 노인이나 병약자들의 경우 기도로 들어간 음식물이 화학적 폐렴을 일으키기도 합니다. 이 경우는 균에 의해 생긴 염증이 아니어서 항생제도 듣지 않습니다. 물론 항생제가 균에 의한 2차 폐렴을 예방하지만 그뿐입니다. 따라서 몸이 약한 사람들은 음식물을 삼킬 때에도 각별한 주의를 기울여야 합니다.

소화는 위,
흡수는 소장

위에서는 기계적 분절운동과 화학적 소화 작용이 동시에 일어납니다. 이 과정을 거친 음식물은 미음과 같은 형태로 바뀌게 되죠. 다만 위에서는 소화한 음식물을 흡수하는 작용은 거의 이루어지지 않습니다. 물론 위의 기능이 떨어지면 소화 흡수에 지장이 생길 수 있죠.

위의 크기는 공복 시 50밀리리터 정도이지만 음식물을 섭취하면 1리터 이상 늘어납니다. 요즘에는 단백질과 지방 섭취가 늘어 섭취하는 음식물의 부피가 크지 않지만 밥에서 대부분의 영양분을 섭취하던 옛날에는 매끼니 밥을 수북하게 담아 먹었기 때문에 위가 굉장히 컸습니다. 그 때문에 음식물의 무게를 못 이겨 위가 밑으로 처지는 위하수 현상이 자주 발생했죠. 물론 요즘에는 위하수가 거의 없습니다.

위를 통과한 음식은 소장으로 넘어옵니다. 여기서는 소화운동과 영양분의 흡수가 동시에 이루어집니다. 먼저 소장은 여러 종류의 기계적인 운동을 통해 음식물이 잘 섞이고 소화되도록 만듭니다. 대표적으로 음식물을 조그맣게 자르는 분절운동과 음식물을 위에서 아래로 내려 보내는 연동운동을 하죠. 소장의 운동성이 떨어지면 효소가 아무리 많아도 소화가 충분히 일어나지 않습니다.

소장은 십이지장, 공장, 회장으로 나뉘고 회장과 대장 사이에 괄약근이 있습니다. 음식물을 완전히 분해해서 흡수 가능한 형태로 소화하는 일은 대부분 십이지장에서 합니다. 나머지 부분에서는 주로 소화된 음식물을 흡수하죠.

흥미롭게도 우리가 슬픔이나 공포를 느낄 때는 위 기능이 억제

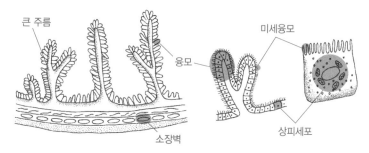

소장 내벽의 형태와 융모

되어 음식물이 십이지장으로 넘어가지 못하고 위에 남는 경우가 생긴다고 합니다.

영양분을 흡수하는 데는 소화기의 면적이 대단히 중요합니다. 살아있는 사람의 소장은 대략 3미터지만 이를 완전히 펴면 6미터까지 늘릴 수 있다고 합니다. 특히 소장은 짧은 시간 동안 많은 양의 영양분을 흡수해야 하기 때문에 특수한 내벽 구조를 가지고 있습니다. 융단의 표면처럼 여러 갈래의 돌기가 솟아 있는 융모가 그것이죠. 융모는 표면적을 최대한 넓히는 역할을 하며, 신장도 이와 비슷한 구조를 가지고 있습니다.

소화의 조력자
췌장

위의 바로 뒤쪽에는 췌장이 있

습니다. 기다란 지방 덩어리처럼 생겼죠. 췌장에는 두 가지 기능이 있는데, 하나는 외분비기관으로서 소화효소를 분비하는 것이고 다른 하나는 내분비기관으로서 호르몬을 분비하는 것입니다.

췌장은 매일 1.2~1.5리터가량의 소화효소를 십이지장으로 분비합니다. 여기서 분비되는 소화효소는 물과 미네랄, 탄산수소나트륨 등이 함유된 약알칼리성 액체로 탄수화물, 단백질, 지방, 핵산 등을 분해합니다.

간혹 불충분한 소화의 결과 부적절한 물질이 흡수되기도 합니다. 즉 몸에 들어와서는 안 될 화합물이나 알레르기를 유발하는 물질이 혈액에 흡수되는 것이죠. 이 경우 두드러기의 형태로 알레르기 반응이 나타납니다.

췌장에서는 다양한 호르몬을 분비합니다. 알파세포가 글루카곤을 분비하고 베타세포는 인슐린을 분비하죠. 세크레틴이나 콜레시스토키닌 역시 췌장에서 분비되는 호르몬입니다.

인슐린은 혈당을 세포로 운반하는 데 도움을 줍니다. 인슐린이 없으면 혈당이 아무리 많아도 세포 속으로 들어가질 못하죠. 따라서 인슐린은 혈당 수치를 낮추는 역할을 한다고 볼 수 있습니다. 반면 글루카곤은 그 반대 작용을 합니다. 간에 저장된 글리코겐을 포도당으로 분해하여 혈당량을 높이는 것이죠. 이렇듯 우리 몸에는 상반된 작용을 조절하여 균형을 유지하는 시스템이 발달해 있습니다.

최근 췌장암 발병률이 많이 높아졌습니다. 췌장암은 암이 생기는 부위에 따라 증세가 초기에 나타나기도 하고 말기에 갑자기 나타나기도 합니다. 예를 들어 암이 췌장 꼬리 부분에 생기면 증세가 아주 늦게 나타납니다. 췌장은 위 뒤쪽에 숨은 장기여서 발견도 쉽지 않습니다. 실제로 췌장암은 발견이 늦어져 치료 시기를 놓치는 경우가 많습니다.

췌장에 생기는 염증은 급성으로 나타나는 경우가 많고 통증이 아주 극심하다고 알려져 있습니다. 췌장 동통은 인간이 느끼는 가장 극심한 통증 중 하나라고 하죠.

간이
소화기관이라고?

간은 우리 몸에서 가장 큰 장기로 최대 1.7킬로그램이나 되는 무게를 자랑합니다. 오른쪽 횡격막 바로 밑에 위치하며 화학적 소화의 대부분을 담당하죠.

간은 우리가 섭취한 음식물을 세포에서 사용할 수 있는 형태로 분해하고, 대사활동의 결과 생겨난 노폐물을 인체에 무해한 물질로 바꾸는 등 다양한 작용을 통해 우리 몸의 영양 상황을 조절하고 있습니다.

이것이 가능한 이유는 간이 문맥계를 가지고 있기 때문입니다.

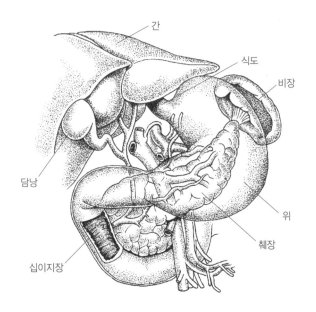

화학적 소화의 중심 간, 췌장, 담낭

즉 다른 장기에서 나온 정맥혈이 간의 동맥혈로 들어가는 것이죠.
실제로 간에 혈액을 공급하는 혈관은 두 종류입니다. 하나는 간동
맥이고 다른 하나는 문맥정맥이죠.

간동맥은 대동맥에서 분리된 동맥으로 간에 공급되는 혈액의 3
분의 1정도를 담당합니다. 나머지 3분의 2는 소화관을 통과한 문
맥정맥이 공급하고요. 문맥정맥은 전부 소화기와 연결되어 있습
니다. 소화관을 통해 영양분을 흡수한 정맥혈은 바로 심장으로 가
는 대신 우리 몸의 화학공장인 간을 거치게 되어 있죠. 장에서 흡

수한 물질들을 간에서 합성·분해·해독하기 위해서입니다. 그렇기 때문에 몸에 해로운 물질을 섭취하면 제일 먼저 간이 손상을 입는 것이죠.

간이 수행하는 또 다른 역할은 헤모글로빈을 빌리루빈으로 분해하는 것입니다. 적혈구가 수명을 다하면 간이 헤모글로빈을 빌리루빈으로 분해하여 담즙으로 내보냅니다. 죽은 혈구 성분 가운데 철 등은 재활용하고 재활용할 수 없는 나머지 성분은 담즙의 형태로 소장으로 분비하죠. 이때 배설로가 막혀 체내에 빌리루빈이 쌓이면 얼굴과 몸이 노랗게 되는 황달이 생깁니다. 특히 눈의 흰자위가 심하게 노래져서 간에 문제가 생겼음을 알 수 있습니다.

간 바로 아래 위치한 담낭은 간의 부속기관으로 담즙을 저장하는 역할을 합니다. 간에서 담즙을 만들어내면 담낭이 이를 저장하고 농축시키죠. 따라서 담낭 속에 있는 담즙의 농도는 간에서 내보내는 농도보다 진합니다.

위에서 소화된 음식물 대부분은 십이지장에서 흡수되지만 지방은 물에 녹지 않기 때문에 그 자체로는 흡수가 어렵습니다. 이때 담즙은 지방의 흡수를 돕는 역할을 합니다. 기름때를 비누로 닦는 것과 비슷하죠. 물에 녹지 않는 지용성 물질을 담즙이라는 비누가 물에 녹는 형태로 바꿔주는 겁니다. 이 때문에 몸에 담즙이 부족하면 지방산이나 콜레스테롤 등이 제대로 흡수되지 않고 배출됩니다. 지방 성분은 배출될 때 많은 수분을 갖고 나가기 때문에 반드시 설사를 하게 되고요.

간은 포도당을 글리코겐으로 만들어 저장합니다. 글리코겐을 저장할 수 있는 장소는 골격근과 간 밖에 없죠. 게다가 글리코겐은 많이 저장되지 않아서 며칠 굶으면 금방 소진됩니다. 반면 지방은 저장할 곳이 많습니다. 간은 햇빛을 이용해 비타민 D를 합성하고 이를 활성화시키는 역할도 합니다. 비타민 D는 뼈를 만드는 데 중요한 칼슘 대사에 꼭 필요한 성분이죠.

침묵의 장기 간을
위협하는 질병들

간이 알코올을 분해한다는 것은 많이 알려진 사실입니다. 술을 마시면 금방 얼굴이 빨개지는 사람이 있죠. 그런 사람들은 대개 술을 잘 마시지 못합니다. 태어날 때부터 간의 알코올 분해효소가 평균보다 적은 것이죠. 이런 경우는 서양인에게는 거의 없고 동양인에게 주로 나타납니다.

간은 빠른 재생력이 특징입니다. 그 때문에 과음을 하거나 독성이 있는 약물을 먹어도 며칠만 지나면 제 상태를 회복하죠. 하지만 독성 물질을 지나치게 많이, 혹은 오랫동안 섭취하면 간도 손상을 입습니다. 간염이나 간경화증에 걸리기 쉬워지죠. 한편 어른에게는 독성이 거의 없는 해열제도 어린아이들에게는 위험해서 심각한 경우 간 기능 상실까지 초래할 수 있으니 주의해야 합니다.

간 질환 가운데 가장 흔한 것이 간염입니다. A형간염, B형간염, C형간염 등 종류도 다양하죠. 간염은 빠른 치료와 예방이 굉장히 중요합니다. 예방접종을 꼭 받고 위생적인 상태에서 조리된 음식만 섭취해야 합니다. 간염을 제대로 치료하지 못하거나 병을 앓은 정도가 심하면 간암으로 발전할 가능성이 아주 높습니다.

간 손상이 계속되면 간경화가 생기는 경우도 많습니다. 간경화에 걸리면 간이 딱딱한 고무처럼 변하고 단백질 합성을 못하게 될 뿐 아니라 말초 순환기능도 떨어져서 배에 복수가 찹니다. 그런 상황까지 오면 다른 사람에게 간을 이식받는 것밖에는 별다른 치료법이 없습니다.

간에서 담낭, 십이지장으로 이어지는 통로에 담즙을 주성분으로 하는 돌이 생기기도 하는데 이를 담석증이라고 부릅니다. 담석이 관을 막으면 그 통증이 엄청납니다. 영어권에서는 40~50세fortyfifty 이상의, 뚱뚱한fatty 여성female에게 잘 생긴다 하여 담석증을 3F 질환이라고도 합니다. 예전에는 담석증 치료 수술을 하려면 복부를 10~15센티미터 정도 절개하고 최소한 1~2주는 입원해야 했어요. 하지만 최근에는 내시경을 이용한 수술법이 발달해서 1~2센티미터 정도 되는 구멍 한두 개로 수술하기 때문에 2~3일 정도면 퇴원할 수 있게 됐습니다.

초식동물 시절의 자취,
대장과 충수돌기

소장에서 나온 음식물은 대장
으로 들어갑니다. 여기서는 영양분의 흡수가 거의 이루어지지 않
습니다. 대장균의 도움을 받아 셀룰로오스 같은 것을 분해하고 물
이나 소량의 비타민을 흡수하는 등 일부 소화기능을 수행할 뿐입
니다. 대장의 주된 기능은 음식물에 남은 수분을 재흡수하는 것입
니다. 이 과정을 통해 대변이 만들어지죠. 대장에서 분비된 점액은
윤활유 역할을 합니다.

사실 대장은 초식동물에게 많이 발달한 장기입니다. 인간의 대
장에도 초식동물 시절의 자취가 남아 있는데, 그게 바로 충수돌기
입니다. 인간의 몸에서는 거의 기능이 없는 충수돌기는 소장이 끝
나고 대장이 시작되는 맹장 끝에 달려있습니다.

흔히 맹장염이라고 알려진 질환은 맹장이 아니라 충수돌기에
염증이 생긴 충수염입니다. 충수염은 갑작스러운 복통을 유발하
는데, 일반적인 복통과 구분하기가 쉽지 않아 방치하는 경우가 많
습니다. 하지만 충수염을 오래 두면 복막염으로 발전할 수도 있으
므로 복통이 계속될 경우 빨리 병원을 찾아 진단을 받는 편이 좋습
니다. 다행히 충수염의 치료는 비교적 간단해서 수술을 통해 쉽게
해결할 수 있습니다. 게다가 요즘은 복강경으로 수술하기 때문에
상처도 거의 남지 않는다고 합니다.

소화기관들을 둘러싸고 있는 것이 복막입니다. 맹장이 터져 균이 복강 전체로 퍼지면 복막에 염증이 생기는데 이를 복막염이라고 하죠. 예전에는 복막염 생존률이 확률이 50퍼센트가 안 됐습니다. 간단한 수술로 해결할 수 있는 충수염을 키워 복막염이 되면 사망할 확률이 반이 넘었다는 얘기입니다.

대장 속 대장균은
유해하지 않다!

대장에는 많은 균들이 살고 있는데 이것들을 통칭해서 대장균이라고 부릅니다. 대장균은 일반적인 인식과 달리 사람에게 유익한 균입니다. 대장균은 우리 몸에 기생해 사는 대신 인체에 필요한 성분을 합성해주고, 소장에서 내려온 음식물 찌꺼기를 분해하여 영양분을 공급하죠. 대장균과 사람은 일종의 공생관계에 있는 셈입니다.

그렇다면 대장균이 왜 문제가 되는 것일까요? 그것은 대장균이 있어서는 안 될 장소에 있기 때문입니다. 대장균은 오직 대장 안에만 있어야 합니다. 대장균이 음식물 속에 있다는 것은 대변 속에 있던 대장균이 어떤 경로로 음식에 들어갔다는 뜻이므로, 음식점의 위생 상태가 그만큼 나쁘다는 것을 의미합니다. 즉 대장균 자체가 나쁜 영향을 끼치는 것이 아니라 음식을 조리하는 곳의 위생상태가 좋지 않다는 지표가 되는 것이죠.

장 건강을 위해 요구르트를 마시죠? 실제로 요구르트 속에는 대장균 분포를 정상으로 조절하는 균이 들어 있습니다. 요구르트 속유익균이 대장균의 균형을 맞춰 설사나 변비 등의 증세가 호전되기도 합니다. 요구르트가 건강 음료로 각광받는 데는 어느 정도 근거가 있는 셈이죠.

허기와 포만감,
그 풀리지 않는 수수께끼

때가 되면 배가 고프고 많이 먹으면 배가 부르죠. 그 허기와 포만감은 어떻게 느껴질까요? 흔히위에서 신호를 보낼 것이라고 생각하지만 그렇지 않습니다. 위와연결된 신경을 다 잘라도 허기와 포만감은 느껴진다고 하거든요.대신 중추신경계에 위치한 각설탕만한 크기의 조직인 시상하부에서 내장기관의 기능을 조절합니다. 배부름을 느끼는 포만중추와배고픔을 느끼는 섭식중추도 이곳에 존재하죠.

한편 동물들은 인간과는 달리 포만중추가 거의 작동하지 않습니다. 안정적인 먹이 확보가 어렵기 때문에 먹을 수 있을 때 최대한 많이 먹어야 하기 때문이죠. 인간도 원래는 그랬습니다. 그래서먹거리가 부족했던 과거에는 지방을 잘 저축하는 사람이 생존에 유리했습니다. 지금의 다이어트 열풍은 옛날에는 상상도 하지 못했던 사치였죠. 하지만 사람들의 식생활과 미의 기준이 바뀌면서 상황이 달라졌습니다. 적게 먹고 날씬한 몸을 유지하는 사람들이 각광받게 되었죠. 이런 상황이 계속되면 몸이 배고픔에 덜 예민하게 반응하도록 진화하게 될지도 모릅니다.

소화 불량,
현대 한국인의 고질병

전 세계에서 소화제 종류가 가장 많은 나라가 우리나라와 일본입니다. 반면 서양에는 소화제랄게 거의 없습니다. 위장약 코너를 보면 제산제와 변비약, 설사약 정도뿐입니다. 소화효소제는 있지도 않습니다. 실제로 서양인들은 동양인보다 위장병을 앓는 경우가 훨씬 적다고 합니다.

동양인들의 경우 스트레스성 대장증후군이 흔한 편입니다. 스트레스 때문에 변비 또는 설사에 시달리거나 소화불량에 걸리기 쉽다는 말이죠. 물론 서양에도 대장증후군이 있지만 스트레스에 의한 신체 반응은 주로 심장 쪽에 나타난다고 합니다.

예전에 가슴앓이라고 불리던 병이 있었습니다. 이름처럼 가슴이 쓰리고 아픈 병이죠. 서양에서는 심장이 타는 듯한 통증을 느낀다고 해서 이를 하트 번heart burn이라고 했습니다. 하지만 가슴앓이는 대부분 위궤양에 의해 생깁니다. 위벽이 상한 상태에서 위산이 분비되어 나타나는 증상이죠.

어떤 원인에 의해서 위나 장에 있던 음식물이 구강을 통해서 다시 밖으로 나가는 현상을 구토라고 부릅니다. 구토는 횡격막과 복근의 수축 또는 감염 같은 유해 자극에 의해서 저절로 일어날 수도 있고, 경우에 따라서는 스스로 유발할 수도 있습니다. 구토하게 되면 위산이 거꾸로 역류하기 때문에 식도가 손상을 입습니다.

위에서는 위산과 점액, 소화효소인 펩신, 호르몬인 가스트린이 분비됩니다. 위 점막에는 방어벽이 있어서 정상적인 경우 염산이나 소화효소에 의해 손상되지 않습니다. 하지만 위 점막층이 손상되면 위궤양에 걸리기 쉽습니다. 위에 사는 헬리코박터균은 위궤양의 주요 원인으로 꼽힙니다. 헬리코박터균은 약으로 치료할 수 있지만 관리를 게을리하면 재발할 가능성이 아주 높습니다.

위는 소화를 위해 점액과 위산을 분비합니다. 위산은 염산으로 pH 2 정도까지 되는 매우 강한 산입니다. 위산을 피부에 바르면 피부가 금방 상하죠. 그러면 위산으로 채워진 위는 왜 멀쩡할까요? 위에서 끊임없이 점액이 분비되어 위벽세포를 보호하기 때문입니다. 하지만 과음이 잦거나 아스피린 또는 소염 진통제를 자주 섭취하면 위벽의 보호 기능이 떨어져 위벽이 헐게 됩니다. 궤양이 생기는 것입니다. 특히 위와 식도 경계 부위에 궤양이 생기면 위벽에 구멍이 생길 수도 있고, 상태가 오랫동안 지속되면 위암으로까

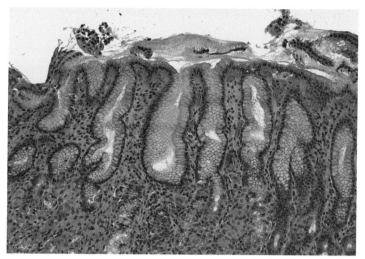
위염을 유발하는 헬리코박터파일로리

지 발전할 수 있습니다.

요즘 늦은 시간에 저녁식사를 하고 곧바로 잠드는 사람들이 많습니다. 저녁 술자리가 잦은 사람도 여기에 해당합니다. 이런 사람들에게 흔한 질병이 역류성 식도염입니다. 불규칙적으로 식사를 하고 식사 후 바로 자리에 누우면 위산이 역류해서 식도 부위에 염증이 생깁니다. 이때 식도를 보호하는 점액이 나오지 않아 위에서 역류한 염산에 식도가 노출되면 궤양이 생기고 심하면 피가 나거나 구멍이 생길 수 있습니다. 역류성 식도염을 예방하는 방법은 규칙적으로 식사하고 식사 후 적어도 2~3시간이 지난 후에 자리에 눕는 것입니다.

하루 한 번
배변의 과학

소화기관이 아무리 효율적으로 움직여도 몸에 들어온 음식물 모두를 사용할 수는 없습니다. 그 때문에 남은 찌꺼기는 대변으로 배설하게 됩니다.

배설이라고 하면 굉장히 지저분한 얘기 같지만 하루에 한 번씩 무사히 변을 본다는 것이 얼마나 중요한 일인지 모릅니다. 소화기관의 어느 곳에서든 이상이 있으면 배변이 어려워지기 때문입니다. 따라서 매일 아침 정상적으로 대변을 보는 사람은 소화기능이 거의 정상이라고 얘기할 수 있습니다.

배변은 대장의 끝인 직장에 도달한 배설물을 비우는 과정을 말합니다. 직장에 변이 쌓이면 장이 확장되어 변의를 느끼게 되죠.

항문은 직장 끝부분의 출구로 내항문조임근과 외항문조임근이라는 두 가지 괄약근에 의해 조절됩니다. 젊을 때는 괄약근의 기능이 좋기 때문에 어느 정도 배변 조절이 가능하지만 나이가 너무 많거나 어릴 경우 괄약근 조절에 어려움을 겪기도 합니다.

어린아이들은 위-대장 반사가 발달해 있습니다. 위에 음식물이 들어가면 바로 화장실에 가고 싶어지죠. 하지만 어른이 되면서 이 반사가 약해집니다.

대장은 섬유소가 많은 음식물을 주로 처리하는데 패스트푸드처럼 섬유소가 거의 없는 음식을 섭취하면 대장의 운동성이 떨어짐니다. 그 결과 음식물이 오래 머물게 되어 대장의 수분 흡수 기능이 과도해지면 변비가 됩니다. 변비는 배변 횟수가 아니라 변의 수분 부족으로 정의하거든요. 변비를 방치하여 대장 기능이 떨어지면 대장암에 걸릴 위험이 높습니다. 한편 대변으로 내보낼 찌꺼기가 너무 적은 경우에도 대장 운동이 억제되어 변비가 옵니다.

　음식물을 섭취해서 대변으로 내보낼 때까지 꽤 많은 양의 액체가 위장관으로 들어옵니다. 물 2.3리터, 침 1리터, 위액 2리터, 담즙 1리터, 췌장액 2리터, 소장액 1리터까지 도합 9.3리터나 되죠. 이중 소장에서 8.3리터, 대장에서 0.9리터를 재흡수합니다. 소장에서 흡수된 물의 일부는 신장으로 가서 소변으로 배출되고, 나머지 0.1리터가량이 대변에 섞여 배출됩니다.

　대장의 운동성이 떨어지면 변비가 되지만 대장의 운동성이 지나치게 활발하면 소화가 덜 된 음식물을 배출하게 됩니다. 이때는 수분을 흡수할 시간도 부족해서 상당히 묽은 변을 보게 되는데 이것이 바로 설사입니다.

　대장이 정상적으로 운동하는지 확인해 보려면 바륨 검사를 합니다. 항문으로 바륨을 집어넣고 엑스레이를 비추면 바륨이 대장에서 어떻게 이동하는지를 볼 수 있죠. 하지만 근래에는 대장내시경이 발달해서 대장 상황을 보고 병을 진단하는 것이 더 편리해졌습니다.

7

몸과 마음을
깨끗하게
신장

우리나라에서는 신장을 다른 말로 콩팥이라고 하죠. 콩팥은 콩의 모양과 팥의 색깔을 닮았다 해서 붙여진 이름입니다. 실제로 신장은 팥과 같은 적갈색에 강낭콩과 유사한 모양을 가지고 있습니다. 결국 콩팥은 해부학적인 지식을 담은 명칭인 셈이죠.

신장은 잘 알려진 대로 좌우 양쪽에 하나씩 있습니다. 왼쪽에 비해 오른쪽 신장이 조금 낮게 달려 있죠. 왜 그럴까요? 그 이유는 오른쪽 신장 위에 간이 자리 잡고 있기 때문입니다. 한편 신장은 복부 뒷부분에 위치합니다. 그래서 신장 수술은 등 쪽에서 하죠.

신장질환을 앓는 가족을 위해 자신의 신장을 내어줬다는 사람들이 많죠. 그럼 신장은 하나만 갖고 살아도 괜찮을까요? 건강한 사람의 경우 신장이 하나만 있어도 살아가는 데는 큰 무리가 없습니다. 하지만 남은 신장에 병이 생기면 아주 위험합니다. 그때는 다른 사람의 신장을 이식을 받는 것 외에는 방법이 없습니다. 인공 신장 기술이 많이 발달했지만 인간의 신장처럼 효율적으로 기능 하지는 못하거든요.

같은 듯 다른
폐와 신장

신장은 여러 가지 면에서 폐와 비슷합니다. 좌우에 쌍으로 존재하고 노폐물을 배출해 몸을 깨끗이 한다는 점에서 말이죠. 실제로 폐와 신장은 기능이 연관된 경우가 많습니다.

알다시피 폐는 산소를 받아들이고 탄수화물의 대사산물인 이산화탄소를 배출합니다. 만약 인간이 오직 탄수화물만 먹고 산다면 노폐물의 대부분은 이산화탄소가 될 겁니다. 그 경우 폐가 노폐물 배설의 주된 역할을 맡게 되겠죠.

하지만 인간은 탄수화물뿐 아니라 단백질, 지방 등 다양한 영양소를 섭취합니다. 따라서 대사 과정에서 생기는 노폐물은 이산화탄소만이 아니죠. 즉 요산, 암모니아, 키톤체 등이 만들어집니다. 이런 물질들은 폐를 통해 배출할 수 없습니다. 신장을 통해 소변으로 배출해야 하죠. 결국 우리 몸을 깨끗하게 하려면 폐와 신장이 모두 필요합니다.

우리 몸을 깨끗하게!
신장의 제1기능

　　　　　　　　　신장은 150그램 정도의 무게를 가진 비교적 작은 장기입니다. 그런데 이 작은 장기에 심장에서 내보내는 혈액의 5분의 1 정도가 끊임없이 흘러들어갑니다.

신장으로 가는 신동맥은 양이 많을 뿐 아니라 혈압이 변해도 일정한 양을 유지한다는 특징이 있습니다. 끊임없이 노폐물을 걸러 혈액을 깨끗하게 하기 위한 특별 기능이지요. 이런 자동 조절기능을 사용하는 곳이 또 있는데요. 바로 심장과 뇌입니다. 그런 것을 보면 신장이 얼마나 중요한 기능을 수행하는지 알 수 있죠.

신장이 제대로 기능하지 못하면 요소, 요산 등의 노폐물이 몸 밖으로 배출되지 않고 혈액에 축적됩니다. 이런 증상을 요독증이라고 하는데, 요독증은 중추신경계를 비롯한 여러 장기에 해를 입히는 심각한 질병입니다. 심한 경우 의식을 잃고 죽음에 이르기도 하죠. 따라서 신장질환을 앓는 사람들은 병원에 가서 주기적으로 인공투석을 받아야 합니다.

신장이 요소나 요산등을 배설하기 위해서는 반드시 물이 필요합니다. 물 없이 용질만 배설할 수는 없기 때문이죠. 물론 지구상에는 대사산물을 소변, 즉 액체 상태로 배설하지 않는 동물도 간혹 있습니다. 물이 귀한 사막지역에 사는 동물들이 그렇습니다. 사막에 사는 동물들은 수분을 아끼기 위해 거의 대변과 같은 상태의 소

체수분 유지에 최적화된 사막 동물들

변을 봅니다. 하지만 인간은 액체 상태로 소변을 배출하기 때문에 신장을 통해 체내 수분량과 혈액량을 조절하고 있습니다.

호르몬 분비부터 칼슘 대사까지, 신장의 부수적인 기능

신장은 혈액과 세포 속 수소이온 농도를 조절하여 체내 산성도를 유지합니다. 삼투압농도를 통해 체내 산성도가 높으면 수소이온 배출량을 늘리고, 산성도가 낮으면 수소이온 배출량을 줄입니다. 여기서 삼투압농도란 용질의 크기, 성질, 종류에 관계없이 특정 용액에 녹아있는 용질의 개수를 특정한 농도를 말합니다. 단일 성분이 아니라 복잡하게 섞여있는 용질의 전체 분자 수를 삼투압농도라고 하죠. 용질이 가는 곳에 물이 따라가게 되어 있기 때문에 삼투압농도를 조절하는 것은 수분량을 조절하는 것과 마찬가지입니다.

한편 신장은 중요한 호르몬 분비 기관이기도 합니다. 신장에서 배출하는 호르몬 중 가장 대표적인 것은 에리스로포이에틴으로 적혈구가 부족할 때 분비되어 골수의 조혈작용을 촉진시키는 역할을 합니다. 빈혈을 교정하는 호르몬이죠. 다음으로 중요한 호르몬은 레닌입니다. 레닌은 혈압을 조절하는 데 아주 중요한 작용을 하고 알도스테론 분비에도 관여합니다.

신장은 칼슘 대사에도 중요한 역할을 합니다. 세뇨관에서 비타민 D를 이용하여 칼슘을 재흡수하기 때문입니다. 칼슘은 뼈를 생성하고 유지하는 데 매우 중요한 역할을 합니다. 그래서 칼슘과 호르몬이 부족해지는 갱년기 이후의 여성들은 골다공증에 걸리기 쉽습니다.

신장의 기본 단위는
200만 네프론!

신장의 바깥쪽에는 신피질이 있고 안쪽에는 신수질이 있습니다. 실제로 신장의 가운데를 절단

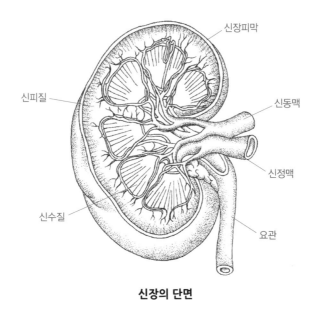

신장의 단면

해 보면 피질과 수질이 육안으로도 구분될 만큼 명확합니다. 두 부분은 구조뿐 아니라 기능에서도 차이를 보입니다.

중추신경에서 기본적인 신경세포 단위를 뉴런이라고 하는 것처럼 신장의 기본 단위는 네프론이라고 부릅니다. 각각의 네프론에서 혈액을 여과해 소변을 만드는데 이 네프론의 80퍼센트가 신수질에 있습니다. 네프론은 총 200만 개나 됩니다. 하지만 이 가운데 실제로 활동하는 것은 6~10퍼센트 정도이고, 나머지는 활동하던 네프론이 기능을 잃었을 때 그 자리를 대신하는 역할을 합니다.

심장에서 신장으로 보내지는 혈액은 네프론의 신소체에서 걸러져서 원뇨로 만들어집니다. 원뇨는 소변의 전 단계라고 볼 수 있죠. 신장에서는 하루에 180리터나 되는 원뇨가 만들어지지만 이 가운데 99퍼센트는 세뇨관에서 재흡수되고, 나머지 1퍼센트인 1.5리터가량이 소변으로 배출됩니다.

언뜻 보면 굉장히 비경제적인 방식이죠. 처음부터 불필요한 것만 배설하면 될 텐데 말입니다. 인간의 신장이 이런 식으로 기능하는 이유는 혈액을 걸러 내보내고 재흡수하는 과정에서 체액의 성분과 체내 산성도를 일정하게 유지하고 혈압과 체액량을 조절하기 위해서입니다. 이는 우리 몸의 항상성을 유지하는 데 대단히 중요한 기능입니다.

일단 한 번
걸러내는 신소체

네프론은 둥근 모양의 신소체와 관 모양의 세뇨관으로 구성되어 있습니다. 이 가운데 신소체는 다시 시구체와 보먼주머니로 나눕니다. 사구체絲球體는 모세혈관들이 실타래처럼 엉킨 형태를 띠고 있습니다. 그래서 이름에 실 사絲 자와 공 구球 자가 들어가죠.

사구체의 모세혈관으로 들어간 혈액은 압력 차에 의해 보먼주머니로 새어나옵니다. 이 과정에서 크기가 큰 단백질과 혈구세포

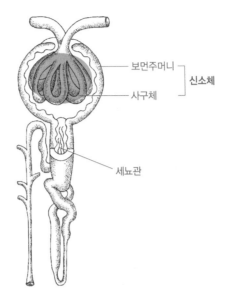

네프론의 구조

를 제외한 거의 모든 혈액 성분이 빠져나옵니다. 따라서 건강한 사람의 사구체를 거친 여과액 속에는 단백질이나 혈구가 없습니다. 소변에 단백질이 검출됐다면 신장 어딘가에 염증이 있다는 뜻입니다. 실제로 신장 기능에 이상이 생긴 경우인 신부전의 대표적인 초기 증세가 소변에 단백질이 섞여 나오는 것입니다.

모세혈관에서의 물질 이동은 모두 여과에 의해 이루어집니다. 여과란 압력 차에 의해서 물질이 이동하는 형태를 말하죠. 사구체를 이루는 모세혈관은 일반 모세혈관보다 거름망이 더 성글고 혈압도 높은 편입니다. 사구체의 모세혈관압은 일반 모세혈관보다 1.6배 정도 높기 때문에 압력차가 상당히 크죠. 다만 여기서도 단백질에 의한 교질삼투압 현상이 나타내기 때문에 여과하는 힘이 어느 정도 상쇄됩니다. 사구체는 또 융단 모양의 돌기 구조로 넓은 표면적을 갖고 있는데, 이는 많은 양의 혈액을 짧은 시간 안에 이동시키기 위해서 발달한 구조입니다.

꺼진 불도 다시 보는
근위세뇨관

사구체에서 걸러진 원뇨는 근위세뇨관으로 들어갑니다. 근위세뇨관의 역할은 원뇨 중에서 몸에 필요한 영양분이나 수분 등이 다시 흡수하는 것입니다. 이 가운데 근위세뇨관에서 100퍼센트 재흡수하는 물질이 있습니다. 대표적인 것이 포도당과 아미노산이죠.

근위세뇨관이 포도당을 완전히 재흡수하지 못해 포도당이 소변으로 빠져나가는 경우가 당뇨입니다. 하지만 당뇨라는 명칭에는 오해의 소지가 많습니다. 당분이 소변으로 나오는 것은 증세일 뿐 그 병의 원인을 기술한 것은 아니기 때문이죠. 실제로 당뇨병은 소변을 만드는 장기인 신장과는 아무 관계도 없습니다.

근위세뇨관은 특정 물질을 분비하여 배출하기도 합니다. 주로 수소이온과 칼륨이온을 분비하죠. 이 두 가지 이온은 소량으로도 우리 몸에 커다란 변화를 줍니다. 먼저 수소이온은 산성도에 영향을 미칩니다. 신장세포 내 산성도는 pH 7.1~7.4 범위에서 움직이는데 미세한 변화도 세포 기능에 큰 영향을 줍니다.

칼륨이온 또한 소량의 변화로 여러 장기에 큰 영향을 미칩니다. 심장과 뇌, 골격근이 특히 영향을 많이 받습니다. 사람을 포함한 모든 동식물의 세포 속에는 칼륨이 있습니다. 칼륨이온은 세포가 손상되면 혈액으로 흘러나와 혈중 칼륨이온 농도를 높이는데, 심한 경우 심장에 부정맥이 생기기도 합니다. 또 칼륨이온은 뇌신경의 흥분성에도 영향을 미치죠. 그래서 칼륨이온 농도를 조절하는 것이 굉장히 중요합니다.

소변량 조절의
메커니즘

근위세뇨관 끝에 달린 머리핀처럼 생긴 관을 헨레고리라고 합니다. 헨레고리를 발견한 독일인 의사 야콥 헨레의 이름을 따서 붙인 명칭이죠. 헨레고리는 주로 소변을 농축하는 역할을 합니다. 나트륨을 재흡수해서 수분을 최대한 보존하는 거죠. 따라서 헨레고리가 긴 동물은 소변을 농축시키는 능력이 탁월해서 수분이 부족한 환경에서도 잘 살 수 있습니다.

헨레고리 다음에는 원위세뇨관이 있습니다. 원위세뇨관을 거친 여과액은 집합관으로 가는데 여기서는 주로 항이뇨호르몬의 작용을 받습니다. 항이뇨호르몬이란 뇌하수체 후엽에서 분비되는 호르몬으로 소변을 농축하여 수분을 보존하는 호르몬입니다.

원위세뇨관에서도 재흡수가 일어나는데, 여기서는 주로 부신 피질에서 분비된 알도스테론이라는 호르몬의 영향을 받아 수분과 염류의 재흡수량을 조절합니다. 알도스테론은 칼륨이온이나 수소이온을 분비하는 데도 중요한 역할을 합니다.

한편 심장의 심방에서는 이뇨호르몬을 분비하여 소변을 내보는 작용을 합니다. 심방세포에서 분비되는 심방이뇨호르몬은 신장의 나트륨 재흡수를 방해하여 이뇨 효과를 냅니다. 알도스테론과는 정반대의 기능을 하는 것이죠. 이렇듯 상반된 기능을 가진 호르몬이 신장의 나트륨 재흡수에 길항적으로 작용하여 상황에 맞게 소변량을 조절합니다.

술을 마시면 화장실에 자주 가고 싶어지죠. 이는 항이뇨호르몬의 작용이 억제되기 때문입니다. 때에 따라서는 마신 술보다 더 많은 소변이 나오기도 합니다. 그래서 술 마신 다음날은 몸에 수분이 부족하기 때문에 극심한 목마름을 느끼게 됩니다. 술을 마실 때 물을 많이 마시고 자주 소변을 배출하면 술에 덜 취하고 빨리 깹니다. 그래서 술을 마실 때 일부러 이뇨제를 복용하는 사람도 있죠.

만약 신장에서 충분한 양의 소변을 거르지 못하거나 소변량이

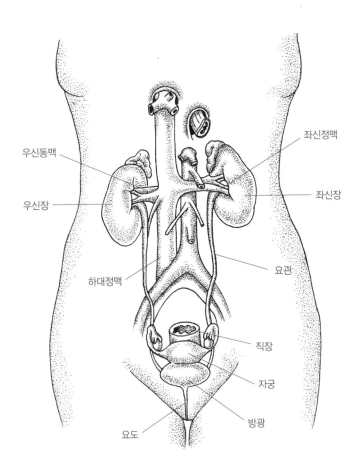

우신동맥

좌신정맥

우신장

좌신장

하대정맥

요관

직장

자궁

방광

요도

여성 비뇨기의 구조

정상적인 상태에 비해 적으면 몸이 붓는 부종 증상이 나타납니다. 이 경우 가장 먼저 신장질환을 의심해야 합니다.

종일 아무 것도 마시지 않았더라도 하루에 500밀리리터는 소변으로 배출해야 합니다. 만약 소변량이 그 이하라면 무뇨증이 되고, 이는 곧 치명적인 질병인 요독증으로 발전하기 쉽습니다.

소변에는 혈액에서 나온 물과 배설해야 할 대사산물이 섞여 있지만 신장에 이상이 없는 한 세균은 없습니다. 그래서 예전 전쟁터에서는 수액이 부족할 경우 우물물이나 수돗물 대신 소변을 주사하기도 했습니다. 그만큼 소변이 깨끗하다는 뜻이죠.

전립선비대증과 방광염, 비뇨기질환의 성별 차이

신장에서 만들어진 소변은 요관을 통해 방광으로 갔다가 요도를 통해 외부로 배설됩니다. 방광에 저장된 후로 소변의 성분 변화는 일어나지 않으며, 방광이 차면 요의를 느끼고 배뇨하게 됩니다.

일단 배뇨를 하면 방광 속에 들어있는 소변이 모두 배설됩니다. 배뇨를 했는데도 방광에 소변이 남아있는 경우를 잔뇨라고 합니다. 보통 건강한 사람에게는 잔뇨가 없으나 전립성비대증에 걸린 경우처럼 요도의 특정 부분이 좁아졌거나 하면 잔뇨가 생깁니다.

이 경우에는 소변을 본 후에도 뭔가 남아 있는 것 같은 잔뇨감을 느낍니다.

방광에 찬 소변을 몸 밖으로 배출시키는 관이 요도인데 여성은 요도가 짧고 직선적인 반면 남성은 요도가 전립선과 음경을 거쳐서 나오기 때문에 매우 긴 편입니다. 요도가 짧은 여성들은 이 부분이 세균에 노출되기 쉬워서 남성에 비해 요도염이나 방광염에 걸릴 위험이 높습니다. 또 요도가 막혀 소변이 역류할 경우 신장이나 방광에 염증이 생기기도 합니다.

비뇨기의 구조적 차이에 의해 남성은 전립선비대증 등으로 인한 배뇨 곤란이 많고 여성은 의지와 관계없이 소변이 나오는 요실금이 많습니다.

8

생식계,
그대 없이는
못 살아

인간은 스스로를 지구상의 다른 생명체들과 구별되는 특별한 존재라고 생각하지만 인간 행동의 목적은 다른 동물들과 별반 다르지 않습니다. 열심히 공부해서 좋은 직장을 가지는 것, 돈을 버는 것, 치장하는 것, 권력을 추구하는 것 등 대부분은 질 좋은 식량을 더 많이 안정적으로 확보하고, 매력적인 이성을 만나 후손을 낳고 오랫동안 건강하게 살기 위한 것입니다.

실제로 성은 인간 역사에서 줄곧 중요한 위치를 차지해 왔습니다. 흔히 성욕은 식욕, 수면욕과 더불어 인간의 3대 욕구라고 하죠. 자손 번식에 대한 욕망을 논외로 하더라도 성은 인간에게 있어 중요한 삶의 원동력이 됩니다.

성별 차이를 가져오는 이차성징은 내분비기관과 생식기관에 의해 발현됩니다. 생식기관은 종족 보존과 삶의 만족에 큰 영향을 미친다는 점에서 우리 삶에 필수적인 기관이라고 할 수 있습니다.

유전적인 성,
성염색체

유전적인 성은 어머니와 아버지에게서 받은 성염색체에 의해 결정됩니다. 어머니로부터 X염색체를, 아버지로부터 X 혹은 Y염색체를 받아 XX가 되면 여성이, XY가 되면 남성이 됩니다. 아주 드문 현상이지만 유전염색체가 정상과 다른 형태로 발현되어 XO나 XXX, XXY, 심지어는 XYY가 되기도 합니다.

물론 특정한 성염색체를 가졌다고 해서 성 분화가 완성되는 것은 아닙니다. 태아 시절 결정된 성을 유지하고 발달시켜 줄 호르몬이 정상적으로 활동하고, 고환과 난소를 비롯한 여러 가지 부속기관이 제대로 기능해야 남성 또는 여성으로서의 특징이 제대로 발현될 수 있습니다. 일반적으로 성 분화는 임신 2개월경부터 시작되어 이차성징이 이루어지는 청소년기에 완성됩니다.

여성은 태어날 때 앞으로 배란할 모든 난자를 어머니에게서 받습니다. 결국 여자아이는 외할머니가 어머니에게 준 난자와 아버지의 정자가 만나 세상에 태어나는 것이죠. 이 아이가 성장해서 가임기에 이르면 그로부터 30~40년간 매달 한 번씩 배란을 통해 어머니에게서 받은 난자를 밖으로 배출합니다. 반면 남성은 생식기가 성숙한 이후로는 거의 평생에 걸쳐 정자를 만들어냅니다.

여성은 가임기가 지나고 폐경이 오면 안면홍조, 발한, 우울감 등 특징적인 증상들이 나타납니다. 물론 배란이 끝났다고 여성으로서의 특성이 완전히 없어지는 것은 아닙니다. 이에 비해 남성은 성기능 쇠퇴를 제외하면 뚜렷한 증상이 없습니다. 즉 남성의 성적 퇴화는 여성에 비해 점진적으로 이뤄진다고 볼 수 있죠.

남성 생식기의 구조와 기능

남성의 경우 음낭 안에 위치한 한쌍의 고환이 정자를 생성하고 남성호르몬을 만드는 데 중요한 역할을 합니다. 고환은 보통 복강 속에 있다가 태어나기 전에 음낭으로 내려오는데, 가끔 그러지 않고 계속 복강 속에 남는 경우가 있습니다. 이런 경우를 잠복고환증이라고 합니다. 잠복고환증이 되면 정자나 호르몬을 만드는 기능에 문제가 생겨 심하게는 불임까지 초래할 수 있습니다. 고환은 체온보다 낮은 온도를 유지해줘야 정상적으로 기능할 수 있기 때문입니다. 이 병의 치료법은 수술을 통해 최대한 빨리 고환을 복강에서 꺼내 음낭으로 내려보내는 것입니다. 바깥에 노출되어 있는 음낭은 고환의 온도를 떨어트리

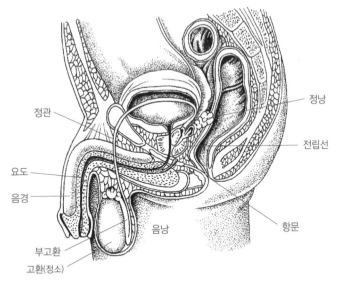

정관

정낭

요도

전립선

음경

부고환

항문

고환(정소)

음낭

남성 생식기의 구조

는 에어컨 역할을 하니까요.

고환 속에는 여러 조직세포가 있습니다. 이중 라이디히세포에서는 남성호르몬인 안드로젠과 테스토스테론을 생산합니다. 테스토스테론은 정자의 생성과 남성의 이차성징에 핵심적인 역할을 합니다. 이 외에도 남성호르몬은 인체의 대사 전반과 성장에 관여합니다. 남성이 여성에 비해 몸집이 더 크고 공격적인 성향을 지니는 것은 이 때문입니다. 남녀의 성욕 또한 남성호르몬에 의해 생깁니다. 여성에게도 소량의 남성호르몬이 나오거든요.

성호르몬은 뇌의 성장과 발육 및 뇌 기능에 영향을 준다고 알려져 있습니다. 따라서 뇌의 성별 차이 역시 어느 정도는 성호르몬의 영향으로 생긴다고 볼 수 있습니다.

이차성징에 중요한 역할을 하는 전립선은 나이가 들면서 점차 커집니다. 때로 과하게 비대해진 전립선은 그 속을 지나는 요도를 압박해서 배뇨 곤란을 유발하기도 합니다. 이를 전립선비대증이라고 하죠.

부고환에서는 정자를 만듭니다. 부고환은 고환 밖의 정관과 복강, 요도로 연결되어 있습니다. 그래서 사정 시 부고환에서 만들어진 정자는 정관을 통해 요도로 배출됩니다.

부속기관에서 분비된 여러 분비물과 부고환에서 나온 정자가 합쳐져 정액이 만들어집니다. 정자는 태어날 때부터 정자 원형세포의 형태로 존재하지만 사춘기 전까지는 활동하지 않다가 이차성징이 시작되면 정액의 형태를 갖춥니다.

여성 생식기의
구조와 기능

여성 생식기는 질을 포함한 외생식기와 자궁, 자궁관, 난소로 구성되어 있습니다. 자궁은 수정된 난자가 착상된 후 커나가는 집과 같은 역할을 하고, 자궁 양쪽에 위치한 자궁관은 난소와 자궁 사이를 연결합니다.

근래에는 많이 줄었지만 예전에는 자궁관에 협착이 생겨 불임이 되는 경우가 많았습니다. 선천적으로 자궁관이 좁은 경우도 있고 감염에 의해 협착이 생기기도 합니다. 이런 경우에는 난자가 자궁으로 나오지 못하기 때문에 수정이 일어나지 않습니다. 그런 사람들은 수술적인 방법으로 협착된 자궁관을 넓혀주거나 체외수정을 통해 임신할 수 있습니다.

생리는 약 28일을 주기로 일어납니다. 28일이 한 주기를 이루는 것은 매우 흥미로운 일입니다. 28일은 음력으로 한 달에 해당하며 음력은 달의 움직임에 근거하여 생겨난 것이니까요. 그러므로 생리 주기는 달의 리듬에 따라 움직인다고 볼 수 있습니다.

생리 주기에 따른 인체 변화 중에는 호르몬 변화가 가장 뚜렷합니다. 생리 시작 후 14일까지 자궁과 난소는 여성호르몬 중의 하나인 에스트로겐의 영향을 받습니다. 이 기간 동안 난소에서는 난자가 성숙됩니다. 에스트로겐 수치는 생리 시작을 기점으로 점점 줄어듭니다. 에스트로겐은 뼈와 근육의 성장을 촉진하고 여성의 이차성징을 유발하며 성적 충동이나 행위, 뇌와의 상호작용, 자궁내막의 복구 및 성장 개시에 관여여 하여 생식기관의 기능을 유지하는 역할을 합니다.

생리 시작 후 14일이 되면 난소에서 난자가 배출됩니다. 이때 난자가 난소에서 자궁으로 배출되는 현상을 배란이라고 부릅니다. 배란 이후부터 다음 생리가 시작되기 전까지는 자궁과 난자가 프

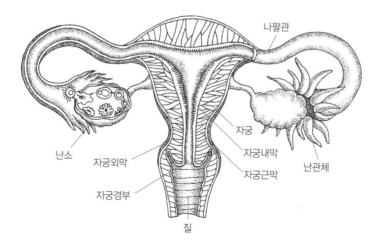

여성 생식기의 구조

로게스테론이라는 호르몬의 영향을 받습니다. 이 기간 동안 자궁은 자궁벽을 두껍게 하여 수정란이 살 수 있는 환경을 갖춥니다. 배출된 난자가 정자를 만나 수정되지 않으면 28일째에 자궁벽이 떨어져나가 난자와 함께 배출되는 생리 현상이 일어납니다.

수정에서 출산까지,
두 사람이 만든 기적

사정을 통해 배출된 정자는 긴 꼬리를 움직여서 난자를 향해 헤엄쳐 갑니다. 보통 남성이 한 번 사정할 때 배출하는 정자의 수는 약 3억 마리 정도인데, 그중 하나가 난자와 결합해서 수정란을 이룹니다. 결국 수정란을 이루는 정자는 3억 대 1의 경쟁을 뚫고 난자와 만나는 셈입니다.

난자는 배란 후 12~24시간 안에 정자와 결합해야 수정이 가능합니다. 28일 중에 임신할 수 있는 시간은 12~24시간 정도뿐인 거죠. 다만 정자는 여성의 몸에서 2~3일 정도 생존할 수 있으므로 배란 전 2일부터 배란 당일까지가 수정의 적기입니다.

수정은 주로 자궁 끝부분에서 이루어집니다. 그 때문에 수정란은 세포분열을 통해 차츰 자궁 안쪽으로 들어와야 하죠. 여기에 약 4일 정도가 소요되고 수정란이 자궁벽에 착상하는 데까지는 일주일 정도가 걸립니다.

착상된 수정란은 세포분열을 지속하고 수정 후 9주부터는 태아기에 접어듭니다. 태아는 태반을 통해 어머니로부터 필요한 영양분을 공급받고 불필요한 노폐물을 배출합니다. 임신한 여성의 태반에서는 인체융모성선 자극호르몬이 분비되어 태아 발육에 필요한 준비를 갖춥니다.

수정 후 열 달이 되면 뇌하수체 후엽에서 옥시토신을 분비해 자궁 수축을 유발합니다. 이때 느껴지는 극심한 통증을 진통이라고 합니다. 분만은 자궁 수축에 의해 태아가 질을 통해 자궁 밖으로 빠져나오는 과정을 일컫는 말입니다.

피임과 불임,
성의 생리학

　　　　　　과거에는 질 바깥에 사정하거나 배란기를 피해 관계하는 것이 피임법의 거의 전부였습니다. 배란기를 확인하는 방법도 생리주기를 환산하거나 배란 시 체온이 약간 올라간다는 사실에 근거하여 체온 변화를 추적하는 것이 고작이었죠. 이 같은 피임법은 인위적인 투약이나 시술 없이 이루어지기 때문에 부작용이 없었지만 피임에 실패할 확률이 매우 높았습니다.

　과학 기술의 발전과 더불어 생식계와 성호르몬에 대한 이해가 깊어지면서 여러 가지 새로운 피임법이 등장했습니다. 첫 번째는 정자가 질에 도달하지 못하게 물리적으로 막는 경우입니다. 콘돔을 사용하는 경우가 그렇죠. 두 번째는 정관수술이나 난관수술을 통해 정자나 난자가 나오지 못하도록 하는 것이고, 세 번째는 자궁에 이물질을 삽입하여 수정란의 착상을 방해하는 것입니다. 마지막 네 번째는 피임약을 통해 호르몬을 조절하여 난자가 성숙하지 못하게 막는 방법인데, 이 경우는 혈전이나 뇌졸중 등 부작용이 생길 가능성이 있습니다.

　아이를 원하는 부부가 피임 없이 성관계를 하는데도 1년 이상 임신하지 못하는 경우를 불임이라고 합니다. 불임은 원인이 어느 쪽에 있는지에 따라 남성 불임과 여성 불임으로 나뉩니다.

남성 불임의 대부분은 정자의 수나 운동성이 떨어져서 생기는데 매일 책상에 앉아 컴퓨터 작업을 하는 사무직 남성에게 흔합니다. 공해나 여러 가지 화학물질에서 배출되는 환경호르몬 또한 남성 불임의 원인으로 꼽힙니다.

여성 불임에는 난자가 제대로 성숙하지 않거나 배란 또는 착상이 안 되는 경우 등 원인이 다양합니다. 심지어는 여성의 몸이 체내에 들어온 정자를 공격하는 경우도 있죠.

불임 부부가 임신하기 위해 택하는 가장 흔한 방법은 체외 수정입니다. 흔히 시험관 아기라고 하는 이 방법은 성공률이 25퍼센트 정도밖에 되지 않습니다. 그래서 최근에는 여러 가지 호르몬 요법을 쓰는 경우가 많습니다.

흥미로운 것은 배란을 유도하는 호르몬제를 써서 임신한 부부들 중에 쌍생아를 낳는 경우가 많다는 것입니다. 이는 호르몬제에 의해 하나 이상의 난자가 배란되어 생기는 경우로, 이때 부모는 이란성쌍둥이를 낳게 됩니다.

성적 만족감에 대한
남녀 간의 원초적 부조화

성적 흥분으로 신경과 근육의 긴장도가 폭발적으로 발산되는 현상을 오르가슴이라고 하죠. 오르가슴을 느끼면 심장박동이 빨라지고, 성기 부문의 혈액 공급이 증가합니다. 또 엔돌핀, 옥시토신 같은 호르몬 분비가 활성화되어 성적 만족감을 느끼게 되죠.

성적 만족감에 대해서는 남성과 여성 간에 원초적 부조화가 존재합니다. 남성의 성감은 사정 직전 급격히 상승하여 사정과 동시에 끝나지만, 여성의 성감은 완만한 곡선을 그리며 올라가다가 오르가슴을 느낀 후 완만하게 떨어집니다.

「킨제이 보고서」에 따르면 남성은 삽입 후 2분 안에 사정할 수 있지만 여성이 오르가슴을 느끼는 데는 최소 10~20분 정도가 걸린다고 합니다. 5~10배 정도의 속도차가 있는 셈이죠. 이처럼 남성과 여성은 성적 만족을 느끼는 리듬과 속도가 다르므로 상대를 배려하고 조화를 이루려는 태도가 중요합니다.

9

내분비계,
나를 제어하는
것들

통합적인 개념으로서의 몸의 기능에 대해 이야기해 봅시다. 내분비계는 각종 호르몬을 생산하고 생산된 호르몬을 혈액 내로 분비하여 전신으로 퍼뜨리는 역할을 합니다.

호르몬만큼 우리 몸에 큰 영향을 주는 물질은 없다고 할 만큼 호르몬의 역할은 다양합니다. 실제로 호르몬은 성장, 발육, 각종 대사, 항상성 유지, 생식 등 수많은 기능들을 통합하고 조정합니다.

이 같은 호르몬의 통합 기능은 유전자에 의해서만 결정되지는 않습니다. 예를 들어 건강상의 문제로 여성호르몬에 비해 남성호르몬이 많은 산모가 XX염색체를 가진 아이를 잉태했다면 그 아이는 남성도 여성도 아닌 중성적인 사람으로 태어날 가능성이 높습니다. 결국 유전자도 중요하지만 그것 못지않게 호르몬이 발현되는 환경 역시 중요한 영향을 미치는 것이죠.

의학적 관점에서 보면 자식을 향한 어머니의 사랑, 즉 모성애 역시 호르몬에 의해 발현됩니다. 실제로 강한 모성애를 가진 동물에게 여성호르몬을 억제하는 약물을 투여하면 모성애가 거의 사라진다고 합니다. 모성애 같은 지극한 감정이 호르몬에 의해 좌우된다는 건 너무 비인간적인가요? 하지만 인간은 이기심 때문에 자식을 버리는 유일한 동물이기도 하죠.

50대 중반쯤 되면 남녀를 불문하고 신체상에 중요한 변화가 찾아옵니다. 여성은 폐경기를 맞고 남성에게도 정도는 덜하지만 비슷한 신체 변화가 생기죠. 그 때문에 50대 중반 이후로는 성별 차이가 약해집니다. 여성은 남성화되고 남성은 여성화되죠. 질병의 패턴도 달라져서 남성에게 흔하던 심장질환, 뇌혈관질환이 폐경기 이후의 여성에게 흔해집니다. 이런 것들이 모두 호르몬의 작용 때문에 생기는 일입니다.

건강을 연주하는
신경계와 내분비계

우리 몸이 어느 한쪽으로 치우치거나 병이 생기지 않도록 적당한 균형을 유지하는 데는 두 가지 통합시스템이 존재합니다. 하나는 내분비계이고 또 하나는 신경계입니다.

신경계와 내분비계가 조화를 이루어야 우리 몸이 최상의 상태를 유지할 수 있습니다. 오케스트라에서 화음을 만드는 데 지휘자의 역할이 중요한 것처럼 우리 몸에서는 내분비계와 신경계가 지휘자의 역할을 담당합니다.

내분비계와 신경계는 하나의 장기라기보다 일종의 네트워크에 가깝습니다. 신경계가 유선전화라면 내분비계는 휴대전화와 비슷합니다. 신경은 신경망을 따라 정보를 전달하지만 호르몬은 혈관을 타고 세포가 있는 곳 어디든 움직일 수 있거든요. 한편 신경계는 선택적이고 단기적인 반응을 나타내는 반면 내분비계는 중장기적인 효과를 나타냅니다.

한편 호르몬은 해당 호르몬의 수용체를 지닌 특정 세포에서만 효과를 나타냅니다. 수용체가 없는 세포는 호르몬에 어떤 영향도 받지 않습니다. 목표세포에서만 효과를 내는 것이죠.

내분비계는 조직세포에 광범위한 효과를 미치지만 조절 기능 자체는 매우 정확하고 섬세합니다. 그 때문에 약간만 잘못돼도 그 영향이 금방 나타납니다. 일례로 갑상선호르몬이 많이 분비되면 그 즉시 체내에 열 생산이 많아지고 대사활동이 활발해집니다.

기능 조절의
컨트롤타워

내분비계는 호르몬을 분비하는 장기의 특성에 따라 내분비선과 내분비조직으로 구분합니다. 내분비선은 해부학적으로 독립된 장기이지만 내분비조직은 다른 세포들과 섞여서 존재합니다. 시상하부, 췌장, 난소, 고환, 심장, 위, 간, 소장, 피부, 자궁 등은 별도의 기능을 수행하지만 그 가운데 특정한 세포 또는 조직이 호르몬을 분비하는 식이죠.

호르몬을 분비하는 내분비선은 각종 장기의 기능을 조절하는 말초내분비선과, 말초내분비선의 기능을 조절하는 중추내분비선으로 나눌 수 있습니다. 흔히 알려진 부신, 갑상선 등은 말초내분비선입니다.

중추내분비선은 시상하부와 뇌하수체에 자리 잡고 있는데 이 가운데 시상하부에서 장기의 기능을 총괄합니다. 결국 장기의 기능에 의해 중추내분비선이 조절된다고 할 수 있지만 인과관계가 분명하지는 않습니다.

호르몬은 분비량 자체도 적고 혈액을 통해 전신을 돌기 때문에 말초세포에 많은 양이 전달되지는 않습니다. 대신 세포 속에는 호르몬의 효과를 증폭시키는 시스템이 있죠. 또 호르몬은 24시간 내내 똑같은 양이 분비되지 않습니다. 호르몬뿐 아니라 인체의 기능 대부분에 약간의 오르내림이 있죠. 혈압이나 체온이 오르락내리

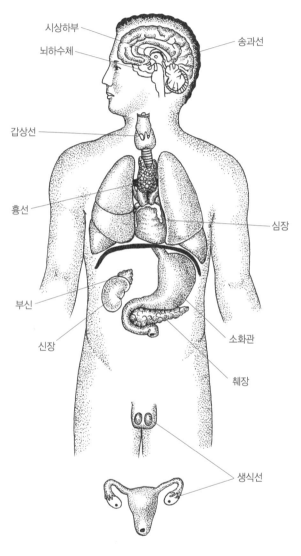

시상하부

뇌하수체

송과선

갑상선

흉선

심장

부신

신장

소화관

췌장

생식선

내분비계

락하면서 일정한 값을 유지하는 것처럼요.

일례로 스트레스 호르몬인 코티솔은 밤중에 분비량이 증가해 잠에서 깨기 직전 최고치에 도달합니다. 잠에서 깬 후에는 수치가 점차 낮아져서 잠들기 직전에 가장 낮은 값을 보입니다. 다른 호르몬들도 이와 같이 일정한 분비 리듬을 갖고 있습니다.

호르몬은 체액 성분의 변화에 의해서도 조절되고 다른 호르몬이나 신경전달물질에도 영향을 받습니다. 이들 사이의 상호작용이나 심리 상태, 신경 활동, 내분비 기능이 면역에 미치는 영향 등 상당수가 아직까지 제대로 밝혀지지 않았습니다.

네거티브 피드백과
포지티브 피드백

내분비계는 혈액 속 호르몬 농도를 필요한 만큼만 정확하게 유지하기 위해 분비량의 많고 적음을 끊임없이 체크하고 조절합니다. 그 방법으로 사용되는 것이 네거티브 피드백과 포지티브 피드백입니다. 피드백이란 결과가 원인에 영향을 미치는 것으로, 그중 네거티브 피드백은 원인이 되는 신호의 반대 방향으로 효과를 나타내는 것을 말합니다. 포지티브 피드백은 원인이 되는 신호를 더욱 강화시키는 것으로, 반응이 점점 더 커져 최대치에 이르게 하는 조절 방식이죠.

호르몬의 혈중 농도를 비롯한 혈압, 체온, 혈중 포도당 농도 등은 모두 네거티브 피드백으로 조절합니다. 체온을 예로 들어보죠. 우리 몸은 열 생산과 열 방출의 균형에 의해 체온을 37도로 유지하고 있습니다. 하지만 더운 여름이나 운동을 한 뒤에는 열 생산이 많아져 방출을 늘리지 않으면 체온이 금방 높아지게 됩니다. 이때 인체는 신속하게 열을 방출시켜 체온 상승을 막습니다. 땀을 통해 열을 방출하는 것이죠. 만약 여기에 문제가 생겨 땀이 나지 않을 경우 열사병에 걸려 죽을 수도 있습니다. 즉 우리 몸의 항상성을 유지하는 기전이 바로 네거티브 피드백입니다.

일정한 기능을 나타내는 시스템은 대개 네거티브 피드백으로 조절하지만 포지티브 피드백 기전이 발동되는 경우도 있습니다. 그중 하나가 사춘기의 호르몬 분비입니다. 이 시기에는 성호르몬을 분비하는 내분비선들이 시상하부의 명령에 따라 최대치의 호르몬을 분비합니다. 그 덕분에 이차성징이 일어날 수 있죠. 배란 직전 여성의 호르몬 변화도 포지티브 피드백에 의해 일어나는 현상입니다.

호르몬은 대부분
합성이 가능하다?

호르몬은 분자구조의 형태가

단순한지 복잡한지에 따라 구분됩니다. 호르몬 가운데 분자구조가 가장 간단한 것은 아미노산호르몬입니다. 아드레날린계의 카테콜아민이나 피부색을 결정짓는 멜라닌 등이 여기에 속합니다. 몇 개의 아미노산이 모여 좀더 복잡한 구조를 이루는 것은 펩타이드호르몬이고, 뇌하수체호르몬이 여기에 속합니다.

호르몬은 화학적 합성을 통해 만들어내기도 합니다. 분자구조가 단순하면 합성이 쉽고, 복잡하면 합성이 어렵지만 근래에는 웬만한 호르몬은 다 합성할 수 있습니다.

갑상선호르몬은 구조가 비교적 간단해서 일찍부터 만들어졌습니다. 게다가 가격도 매우 저렴하죠. 덕분에 갑상선암 등의 이유로 갑상선을 떼어내도 호르몬제만 꾸준히 먹으면 정상적인 삶을 영위하는 데 아무 지장도 없습니다. 심지어는 아이를 낳아 키우는 것도 가능합니다.

호르몬은 기능에 따라 조직에 작용하여 효과를 보이는 일반호르몬과 내분비선에 작용하여 기능을 조절하는 자극호르몬으로 나누기도 합니다. 이중 자극호르몬은 뇌 중추에서 말초호르몬기관을 조절하는 호르몬입니다. 예를 들어 갑상선호르몬의 분비는 시상하부나 뇌하수체에서 나오는 자극호르몬에 의해 조절됩니다.

호르몬은 각각의 작용도 중요하지만 여러 호르몬이 공존하는 상태에서 어떻게 작용하는지가 매우 중요합니다. 이와 관련해서 호르몬의 작용은 크게 세 가지 형태로 나타납니다. 첫 번째는 다른 호르몬과 관계없이 독립적으로 작용하는 경우이고, 두 번째는 두 호르몬의 상호작용이 개별 작용의 합보다 더 큰 효과를 내는 상 승작용입니다. 마지막 세 번째는 두 호르몬이 서로 반대되는 작용, 즉 길항작용을 해서 효과가 감소하는 것입니다. 이처럼 호르몬은 종류 자체도 많고 상호작용 효과 또한 다양하기 때문에 관계가 복 잡할 수밖에 없습니다.

한편 호르몬의 작용은 호르몬과 결합하는 목표세포의 성질에 따라서도 달라집니다. 예를 들어 아드레날린은 심장을 빨리 박동 하게 하지만 위나 소장에서는 소화운동을 억제시킵니다. 왜 같은 물질이 조직마다 다르게 작용하는 것일까요? 이는 분자 모양은 같 아도 그것과 결합하는 목표세포의 수용체가 다르기 때문입니다. 즉 호르몬 자체의 성질도 중요하지만 호르몬과 결합하는 수용체 의 성질도 무시할 수 없는 것이죠.

뛰는 뇌하수체 위에
나는 시상하부

내분비선의 조절 기전에 대해 알아봅시다. 시상하부는 우리 몸의 내분비 기능을 조절하는 중추 기관으로 뇌하수체와 연결되어 있습니다. 흔히 시상하부와 뇌하 수체가 모든 내분비 기능을 일방적으로 지휘·감독한다고 생각하지만 절대 그렇지 않습니다. 시상하부나 뇌하수체의 조절 기능은 말초혈액에서 올라오는 네거티브 피드백 신호에 따라 달라집니다. 전달된 신호가 적으면 기능이 저하됐다고 판단하여 호르몬 분비를 늘리는 식이죠. 물론 정상적인 상태에서는 이 같은 피드백 시스템이 제대로 작동하지만 간혹 피드백 축이 깨져 호르몬이 지나치게 적거나 많이 분비되기도 합니다.

말초호르몬 역시 뇌하수체나 시상하부에 명령이 너무 과하거나 부족하다는 식으로 피드백 신호를 전달합니다. 이 정보를 통해 시상하부와 뇌하수체의 말초내분비선 조절 기능이 돌아가는 것이죠. 말초내분비선에서 지나치게 많은 호르몬이 분비되면 중추에 신호를 보내 조절 기능을 약화시키고, 반대로 말초호르몬 분비량이 적으면 중추의 조절 기능을 강화하라는 신호를 보냅니다. 간혹 이 시스템에 문제가 생겨 말초호르몬이 너무 많거나 적게 분비되기도 합니다.

뇌하수체는 전엽과 후엽으로 구분되며 각각 분비하는 호르몬의 종류와 조절 기전이 다릅니다. 뇌하수체 전엽은 시상하부와 문맥계를 형성하고 있어 시상하부에서 나오는 정맥혈이 뇌하수체의 동맥혈이 됩니다. 이런 방식으로 시상하부에서 분비된 신호물질이 혈관을 따라 이동하여 뇌하수체의 기능을 조절합니다.

내분비세포의 중간 사령탑이라 할 수 있는 뇌하수체 전엽은 갑상선, 부신피질, 성호르몬, 배란촉진호르몬 등 기능을 조절하는 자

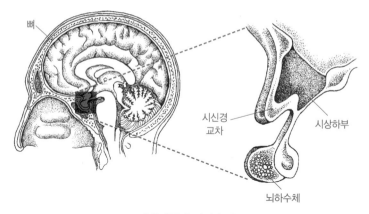

시상하부와 뇌하수체

극호르몬을 분비합니다. 여기서 나오는 호르몬들은 종류도 많고 복잡한 시스템으로 이뤄져 있습니다.

뇌하수체 후엽에서는 옥시토신, 바소프레신, 성장호르몬 등을 분비하여 수유, 자궁수축, 소변량을 조절합니다. 이것들은 사실 시상하부에서 만들어져 뇌하수체 후엽에 저장된 것입니다.

각설탕 정도 크기를 지닌 시상하부는 내장 기관을 관장하는 총사령부입니다. 여기에 문제가 생기면 내장 기관의 기능이 모두 망가질 수 있습니다. 배부름을 느끼는 포만중추, 배고픔을 느끼게 하는 섭식중추, 체온을 일정하게 유지하는 체온중추가 모두 시상하부에 있습니다.

예전에는 뇌하수체에서 자극호르몬을 분비하여 말초내분비기관의 기능을 조절하고 뇌하수체가 내분비를 조절한다고 알려졌으나 최근 뇌하수체가 시상하부에 의해 조절된다는 사실이 밝혀졌습니다. 뇌하수체 위에 시상하부가 있는 셈이죠.

성장과 노화를
관장하는 호르몬

성장과 밀접한 연관을 갖고 있는 성장호르몬은 대사와 세포분화 성분을 촉진시켜 뼈가 길어지게 합니다. 따라서 성장호르몬이 적게 분비되면 키가 충분히 자라지 않습니다. 실제로 아프리카의 피그미족은 유전적인 이유로 성장호르몬이 적게 분비되어 키가 작습니다. 반대로 성장호르몬이 너무 많이 나와서 거인증이 되는 경우도 있고요. 물론 성장에는 성장호르몬 외에도 갑상선호르몬, 인슐린, 성호르몬 등이 영향을 미칩니다.

송과선은 뇌 속에 있는 잣 모양의 내분비선으로, 서양에서는 한때 여기에 마음이 존재한다고 생각하기도 했습니다. 실제로 프랑스의 유명한 철학자 데카르트는 인간의 정신이 송과선에서 나온다고 주장했죠. 송과선의 주요 기능은 멜라토닌 분비입니다.

멜라토닌은 주로 수면 중에 분비되기 때문에 생체리듬을 조절하는 인체시계 중 하나라고 여겨집니다. 흔히 멜라토닌 수치가 높으면 잠에 빠지고 멜라토닌 수치가 떨어지면 잠에서 깬다고 하는

데, 양자의 관계가 명확하게 밝혀진 것은 아닙니다. 물론 모든 사람에게 효과가 있는 것도 아니고요. 다만 미국이나 영국 등에서는 멜라토닌이 시차적응에 효과적이라고 알려져 슈퍼마켓에서도 손쉽게 구입할 수 있습니다.

일각에서는 멜라토닌이 노화를 방지하는 회춘제라고 믿기도 합니다. 나이가 들수록 멜라토닌 농도가 줄어들기 때문이죠. 그래서 젊음을 유지하기 위해 멜라토닌을 복용하는 사람들도 있습니다. 다른 이야기지만 마리화나를 피우는 경우에도 멜라토닌 수치가 크게 증가한다고 합니다.

갑상선에 대한
거의 모든 지식

목 앞쪽 중앙부에 위치한 갑상선甲狀腺은 이름대로 갑옷처럼 생겼습니다. 여기서 분비되는 갑상선호르몬은 뇌하수체와 시상하부에 의해 조절됩니다. 성호르몬을 제외하면 갑상선호르몬처럼 작용이 광범위한 호르몬은 없을 겁니다. 갑상선호르몬은 대사를 증진하고 교감신경계 및 심혈관계의 기능을 촉진하며 정신 작용에도 큰 영향을 줍니다.

평소에 행동이 빠르고 활동량이 많은 사람들 중에는 갑상선호르몬이 정상보다 많이 분비되는 경우가 많습니다. 활동성을 높인다는 측면에서 갑상선호르몬이 많이 분비되면 좋을 것 같지만 꼭 그렇지 않습니다. 오히려 이게 문제가 되기도 하는데 이런 경우를 갑상선기능항진증이라고 합니다.

갑상선기능항진증에 걸리면 심장박동이 빨라지고 근육이 위축되며 작은 일에도 과민반응을 보이거나 화를 내기 쉽습니다. 게다가 대사가 너무 활발해져서 아무리 먹어도 체중이 줄어듭니다. 또 대개는 가만있지 못하고 끊임없이 움직이며 여름보다는 겨울을 좋아합니다. 외적인 증상은 다양하게 나타나는데 대개 목이 붓고 심해지면 눈이 살짝 튀어나오기도 합니다.

반면 갑상선호르몬이 부족하면 대사활동이 감소합니다. 그 때문에 추위를 견디지 못하고 체중이 늘어납니다. 또 쉽게 피곤함을 느끼고 말이 느려지죠. 기억력이 떨어지고 얼굴이 붓거나 푸석해지기도 하고 때로는 우울증 증세를 보이기도 합니다.

갑상선 속에는 콩알 네 개처럼 생긴 조직이 있는데 이것이 부갑상선입니다. 부갑상선이 발견되기 전에는 갑상선 제거수술을 받은 후 칼슘대사에 문제가 생기는 경우가 많았습니다. 칼슘대사는 갑상선의 기능과 전혀 관계가 없기 때문에 갑상선 속에 다른 조직이 있지 않을까 하는 의문이 생겼고 결국 부갑상선을 발견하게 됐죠.

실제로 부갑상선은 칼슘대사를 조절하는 내분비기관입니다. 부갑상선이 제대로 기능해야만 혈중 칼슘양이 적당히 유지되어 뼈의 형태와 강도를 유지할 수 있죠. 갱년기 여성에게 흔한 골다공증 역시 부갑상선호르몬 수치와 연관됩니다. 혈중 칼슘 조절 기능에 문제가 생기면 에스트로겐 수치가 떨어지고 뼈 구조물이 녹아버리기 때문입니다.

갑상선호르몬은 T3, T4라고 불리는 아미노산호르몬인데, 여기에는 꼭 요오드가 들어갑니다. 그 때문에 몸에 요오드가 부족하면 갑상선 기능이 떨어질 수 있습니다. 예전에 어떤 지역에서는 식수에 요오드가 부족해서 주민들이 갑상선 기능 저하로 곤란을 겪었던 적이 있습니다. 심지어 이 지역 사람들 중에는 갑상선 문제로 목에 혹이 생긴 경우도 많았다고 합니다. 그래서 요즘에는 모든 지역에서 수돗물에 소량의 요오드를 첨가합니다.

건강검진할 때 CT를 찍으면 갑상선에서 물혹이 발견되는 사람이 많습니다. 한국인들 대부분이 갑상선에 혹을 갖고 있습니다. 하지만 갑상선에 생긴 혹은 크게 염려할 것이 없습니다. 의사들도 혹이 1센티미터 이하면 그냥 둡니다. 게다가 갑상선은 수술이 비교적 간단하고 암이 생겨도 빨리 진행되지 않기 때문에 큰 걱정거리가 아닙니다.

한편 갑상선호르몬은 동물들의 변태에도 중요한 역할을 한다고 알려져 있습니다. 일례로 올챙이가 개구리가 될 때 꼭 필요한 것이 바로 갑상선호르몬이라고 합니다.

아드레날린과
코르티솔

신장에 딸린 조직인 부신 역시 내분비기관입니다. 신장이 두 개이므로 부신 역시 좌우에 하나씩 있습니다. 부신은 해부학적 구조에 따라 수질과 피질로 나뉘는데 여기서는 각기 다른 호르몬을 배출합니다.

부신수질에서 분비되는 아드레날린은 위험에 맞닥뜨렸을 때 싸울지 도망갈지를 결정하는 호르몬입니다. 죽느냐 사느냐 하는 중요한 기로에서 생명 보존을 위해 발현되는 대부분의 반응이 아드레날린에 의한 것이라고 할 수 있죠.

아드레날린은 교감신경의 활동을 촉진하여 빠른 판단과 발한, 동공 확대 등에 관여합니다. 아드레날린은 긴박한 상황에 작용하는 호르몬이기 때문에 저장된 모든 에너지를 동원하여 싸우죠. 내일을 위한 저축이나 절약은 있을 수 없습니다.

다만 이 반응은 동물계에서 일어나는 것이고 인간 사회에서는 조금 다른 형태로 표현됩니다. 가끔 모험이나 스피드를 광적으로 즐기는 사람을 볼 수 있는데, 그중에는 아드레날린 중독에 빠진 경우도 많습니다.

한편 부신피질에서는 스트레스에 반응하는 호르몬인 코르티솔을 분비합니다. 그래서 코르티솔을 스트레스호르몬이라고도 하죠. 코르티솔은 대사를 촉진하고 단백질과 지방을 축적하며 소염

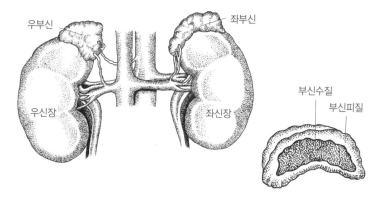

호르몬 분비를 담당하는 신장과 부신

작용을 하는 데 탁월합니다.

　옛날에는 수영선수들이 근육을 늘이기 위해 코르티솔 화합물을 많이 사용했습니다. 물론 지금은 금지 약물로 지정되었지만요. 코르티솔은 스테로이드핵을 지녔다는 점에서 성호르몬과 비슷하기 때문에 성호르몬의 작용도 나타냅니다.

　한편 부신피질에서는 성호르몬도 분비합니다. 여기서는 남성호르몬인 안드로겐과 아주 약간의 에스트로겐이 분비되기 때문에 부신피질 활동이 과도할 경우 여성이 남성화되기도 합니다.

위험하지만 매혹적인
스테로이드

코르티솔 계열의 호르몬 화합물을 보통 스테로이드라고 부릅니다. 스테로이드는 다른 호르몬에 비해서 분자의 크기가 크고 물이 아닌 지방에 녹는 구조로 되어 있습니다.

스테로이드는 염증을 치료하는 데 효과적이어서 피부 연고제에 많이 들어있습니다. 가려움증에도 효과가 있고 미용 목적으로 사용되기도 합니다. 뿐만 아니라 스테로이드를 복용하면 없던 식욕이 생겨 살이 찌게하고, 우울했던 기분마저 좋아지게 만드는 효과가 있습니다. 하지만 스테로이드는 부작용이 많기 때문에 반드시 의사의 처방을 받아 사용해야 합니다.

앞서 호르몬 분비는 말초혈액의 피드백을 받아 시상하부와 뇌하수체에서 조절된다고 했죠. 말초혈액의 호르몬 농도가 필요량보다 높으면 분비를 억제하고 낮으면 분비량을 증가시키는 식으로 조절됩니다. 따라서 주사나 약물을 통해 스테로이드를 투여하면 뇌에서는 필요량보다 많이 분비되었다고 판단하여 말초내분비기관에 호르몬 생산을 줄이라는 명령을 내립니다.

스테로이드를 장기간 투여하면 이런 억제 현상이 계속 일어납니다. 그러다가 수술과 같은 응급상황이 벌어지면 호르몬 생산을 억제하고 있던 말초내분비기관이 제대로 반응하지 못하게 됩니

스테로이드호르몬의 하나인 코르티코스테론의 화학 구조

다. 심할 경우에는 쇼크 상태까지 갈 수 있죠. 따라서 오랜 기간 스
테로이드를 투약받고 있었다면 응급상황이 닥쳤을 때 반드시 그
사실을 의사에게 알려주어야 합니다.

혈당 조절의 쌍두마차
인슐린과 글루카곤

위장 뒤에 길게 자리 잡은 장기
인 췌장 역시 호르몬을 분비하는 내분비기관입니다. 췌장에서 호
르몬을 분비하는 조직에는 알파세포와 베타세포가 있습니다. 알
파세포는 혈당을 올리는 글루카곤을 분비하고 베타세포는 혈당을

낮추는 인슐린을 분비합니다.

포도당 대사에 관여하는 호르몬이 인슐린과 글루카곤인데 둘은 서로 상반된 작용합니다. 정상 상태에서 인슐린과 글루카곤은 적당한 균형을 이루면서 혈당의 농도를 일정하게 유지하죠. 식사 후 혈중 포도당 농도가 올라가면 인슐린 분비가 증가하여 포도당을 세포로 운반합니다. 그런 다음 세포 속 포도당을 이용하여 에너지를 만들죠.

인슐린이 모자라거나 인슐린에 내성이 생기면 포도당이 혈액 속에 그대로 축적됩니다. 결국 혈액 속에는 포도당이 넘치지만 세포에는 모자란, 풍요 속의 빈곤이 찾아오지요. 혈액 속에 포도당이 축적되면 신경, 망막, 신장 등에 장애가 생기는데요. 그 경우 식욕이 강해지고 자주 화장실에 간다거나 쉽게 피로를 느끼고 망막질환, 신경질환, 각종 감염 등 수많은 부작용이 나타납니다.

이처럼 인슐린 농도가 떨어져서 생기는 병이 바로 당뇨병입니다. 당뇨에는 인슐린 분비 감소로 생기는 1형 당뇨와 인슐린에 대한 저항성 때문에 생기는 2형 당뇨가 있습니다. 우리나라 사람에게 많이 생기는 당뇨병은 2형입니다. 공복 시 혈중 포도당 농도는 100밀리그램 이하가 정상입니다. 100보다 높으면 당뇨의 위험이 많은 것이죠.

당뇨병은 일찍 발견하여 조기에 치료하는 것이 가장 중요합니다. 최근에는 혈액검사 대신 특수 콘택트렌즈의 색깔 변화로 혈당을 측정하는 편리한 장치가 나왔다고 합니다.

당뇨를 피하려면 적당한 운동과 균형 잡힌 식사로 영양소와 호르몬의 균형이 잘 이루어지도록 하는 것이 가장 중요합니다.

다이어트를 하려면
스트레스 관리부터

어떻게 하면 살이 찌지 않고 날씬한 몸매를 유지할 수 있을까요? 원리는 간단합니다. 칼로리가 낮고 섬유질이 많은 음식물을 과하지 않게 섭취하고 적당한 운동을 하는 것입니다. 원리는 간단한데 실천하기는 쉽지 않죠. 게다가 현대인에게는 스트레스라는 복병이 있습니다.

실제로 먹는 것으로 스트레스를 푸는 사람들이 많습니다. 스트레스를 받으면 섭식중추가 자극되어 더 많은 음식을 먹게 되고, 글루카곤, 아드레날린, 코르티솔 등 혈당치를 높이는 여러 가지 호르몬의 분비가 증가합니다. 각각의 호르몬들이 하나씩 작용했을 때는 혈당이 크게 높아지지 않지만 이것들이 동시에 분비되면 상승 작용을 합니다. 다른 말로 시너지 효과라고도 하죠. 따라서 혈당 관리와 다이어트를 위해서는 스트레스를 적절히 조절하는 것이 중요합니다.

10

정보의 통합중추
신경계

우리가 보고, 듣고 느끼는 것뿐만 아니라 기억하고 생각하고 판단하는 일, 그리고 근육을 움직이고 자세를 바로잡는 일 등을 뇌가 담당하고 있습니다. 우리 몸에서 가장 중요한 일들을 뇌가 담당하고 있는 것이죠.

그러나 많은 사람들이 오해하는 것처럼 뇌 혼자서 이 모든 일을 수행하는 것은 아닙니다. 뇌가 기능을 제대로 수행하기 위해서는 호흡을 통해 산소를 받아들이고 소화기관에서 영양분을 섭취해야 하며, 신장을 통하여 대사산물을 배설하고 순환계를 통해 혈액을 공급해야 합니다. 결국 뇌는 모든 장기에서 올라오는 정보를 종합하여 통합하는 통합중추의 역할을 담당하는 것이죠.

부위에 따라 기능이 다른
인간의 뇌

뇌의 구조에 대해 살펴봅시다. 두개골로 둘러싸인 뇌와, 뇌에 연결된 척수를 통틀어 중추신경이라고 부릅니다. 우선 말랑말랑한 조직의 뇌는 뇌척수라는 액체 속에 잠겨 있습니다. 일종의 무중력상태라고 볼 수 있죠.

뇌는 대뇌피질의 신뇌와 대뇌변연계의 구뇌, 뇌간 등으로 나눌 수 있습니다. 대뇌 가운데에 위치한 구뇌는 인류 진화에서 가장 오래된 뇌 부위이기 때문에 인간이나 하등동물이나 구조가 비슷합니다. 반면 진화를 거듭하며 발달된 신뇌, 즉 대뇌피질은 인간의 고유한 특성을 반영하죠.

대뇌는 부위에 따라 기능이 다릅니다. 뇌의 뒷부분인 후두엽에는 시각중추가 있어서 눈에서 들어온 시각정보를 받아들이고, 뇌의 앞부분인 전두엽은 인간답게 생각하고 행동하게 하는 기능을 수행합니다. 귀 옆의 측두엽에는 청각을 담당하는 청각중추가 있고 가운데에 두정엽이 있습니다. 두정엽에는 운동중추와 감각중추가 있으며 두정엽 앞뒤로 말하기를 총괄하는 언어중추가 있습니다. 베르니케 영역과 브로카 영역, 이 두 곳이 언어중추입니다. 측두엽은 다른 동물에서는 주로 후각 기능을 담당하는데 인간의 경우에는 변연계라고 불리며 기억, 감정, 동기, 등 복잡한 기능을 담당하는 것으로 알려져 있습니다.

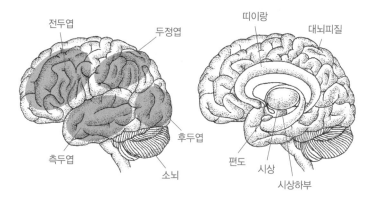

뇌의 구조

　뒤편에 따로 떨어진 소뇌는 우리 몸의 운동기능을 조절하는 통합 기능을 가지고 있습니다. 뇌 속에는 호르몬 분비 센터에 해당하는 시상하부가 있고, 그 윗부분에 감각 기능의 중간 센터라 할 수 있는 시상이 있습니다. 뇌간에는 숨골이 포함되어 있는데, 숨골에는 생명 유지에 필수적인 심장 순환센터와 호흡센터 등이 존재하고, 이것들이 하부의 척수와 연결되어 있습니다.

신경계, 하늘을 나는 연과
그것을 잡아주는 실

　　　　　　　　신경계는 편의상 중추신경계와 말초신경계로 나눕니다. 주로 신경세포의 세포체가 포함되어 있는 곳이 중추신경계로, 두개골과 척추가 중추신경계를 둘러싸고 있습니다. 중추신경계가 연이라면 말초신경계는 연에 달린 실이라고 할 수 있죠.

일반적으로 신경세포와 중추신경계는 죽고 나면 다시는 재생되지 않지만 말초신경계는 재생이 가능합니다. 다만 그 속도가 굉장히 느릴 뿐이죠.

뇌에서 나온 척수는 척추 내에 위치하는 중추신경의 일부로, 뇌와 말초신경을 이어주는 역할을 하며 척추에 의해 보호됩니다. 척수의 각 단계에서 다양한 신경들이 나가고 들어오기를 반복하죠. 따라서 척수의 특정 부분이 손상되면 해당 부분의 신경이 마비될 수 있습니다.

흔히 알려진 디스크는 척추 사이 부분이 좁아져 있거나 튀어나와서 허리 통증을 유발하는 질병입니다. 척수신경이 경추, 흉추, 요추, 꼬리뼈 중에 어디서 나오는지에 따라 C-, T-, L-, S- 등으로 구분하고 그 뒤에 숫자를 붙여 병증의 명칭을 표시합니다.

중추신경계는 척추에서 나와 말초신경계로 이어지는데, 말초신경계는 정보를 전달하는 방향에 따라서 구심성신경과 원심성신경으로 나눕니다. 구심성신경은 주로 감각기관이나 자율신경계를 통해 전달된 감각신경으로 정보를 뇌로 보냅니다. 반면 원심성신경은 운동신경으로, 신경정보를 골격근으로 보내 우리 몸을 움직이거나 자율신경계를 통해 교감신경계와 부교감신경계의 작용을 나타내게 합니다.

대뇌피질의 대부분은 감각과 운동을 포함한 모든 것을 통괄하는 연합영역이 차지하고 통합적인 기능을 담당합니다.

이진법을 사용하는
신경세포

척수나 뇌를 육안으로 보면 색깔에 따라 회질과 백질로 구분할 수 있습니다. 세포체는 회색을 띠기 때문에 회질이라고 하는데 여기에는 신경세포가 모여 있습니다. 반면 흰색으로 보이는 백질은 신경세포의 꼬리들이 모인 부분입니다.

신경세포에서 발생한 전기신호는 신경섬유를 타고 전달됩니다. 활동전압이라고 일컫는 신경신호는 크기와 모양이 일정합니다. 이 활동전압의 특징은 모 아니면 도입니다. 0과 1로 표현되는 디지털 신호와 비슷해요. 활동전압이 일어나면 1이고 일어나지 않으면 0입니다. 이처럼 신경정보는 수없이 많은 0과 1로 이루어져 있습니다. 컴퓨터가 디지털신호를 해독하여 정보를 인식하듯 뇌에서도 이러한 신경정보를 보내고 해독하는 것입니다. 다만 뇌신경계는 몇 개의 전선이 아니라 수없이 많은 신경세포의 복잡한 연결로 이루어져 있다는 것이 다르죠.

신경세포는 하는 일과 목적에 따라서 모양이 다릅니다. 여러 방향으로 가지를 뻗은 경우도 있고 한 방향으로만 가지를 낸 세포도 있죠.

신경세포 외에 신경세포를 보조해주는 교세포도 있습니다. 교세포는 중추신경계뿐만 아니라 말초신경계에도 분포하며 신경세포보다 그 수가 훨씬 많습니다. 일반적으로 교세포는 신경세포가 손상받았을 때 그 자리를 대신하는 결합조직이라고 알려졌으나 근래에는 교세포에도 독자적인 임무가 있다는 사실이 밝혀졌습니다. 신경세포에 산소와 영양분을 공급하고 외부 독소를 차단하며, 해마에서는 신경세포와 거의 동일하게 신호를 전달한다고 하죠.

연결을 위한 단절
시냅스

신경과 근육, 신경세포와 신경세포가 연결되는 지점을 시냅스라고 부릅니다. 우리 몸에는 셀 수 없을 만큼 많은 시냅스가 있죠. 시냅스는 일부 전기시냅스를 제외하고는 물리적·전기적으로 연결되어 있지 않습니다.

전기신호가 시냅스를 지나려면 조그마한 강을 건너야 하는데 여기에서 화학물질이 나와야만 다음 신경세포로 신호가 전달됩니

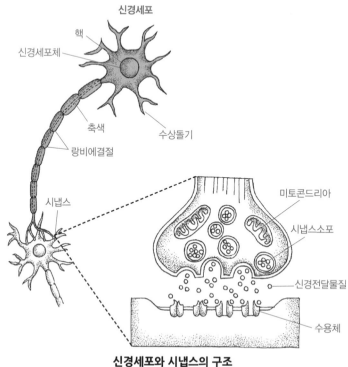

신경세포

핵

신경세포체

축색

랑비에결절

수상돌기

시냅스

미토콘드리아

시냅스소포

신경전달물질

수용체

신경세포와 시냅스의 구조

다. 그래서 시냅스를 몇 번 거치는지에 따라 신호의 전달 속도가
달라지고 시냅스를 많이 거칠수록 외부의 영향도 많이 받습니다.

　시냅스는 신경계의 기능에서 가장 중요한 부분입니다. 뇌의 통
합기능은 대부분 시냅스에서 일어나는 현상이죠. 또 시냅스라는
접합부가 있기 때문에 약물 등으로 외부 조절이 가능합니다. 만약
신경계가 전선처럼 케이블로 이어져 있다면 연결을 자르기 전에
는 외부에서 정보 전달을 조절할 수 없습니다.

신경은 어떻게
전달될까?

시냅스에서 신호 전달이 일어나는 과정을 간단히 살펴봅시다. 시냅스에 신경에서 받은 전기신호가 도달하면 세포 말단에서 화학물질을 유리합니다. 이것을 신경전달물질이라고 하는데 이 물질이 좁은 강을 건너 다음 신경세포와 결합합니다. 뇌나 신경 등 부위에 따라 분비되는 신경전달물질이 다르며, 구체적인 예로는 아세틸콜린, 도파민, 노어아드레날린, 세로토닌 등이 있습니다.

신경에 신호를 전달하는 양상은 보통 전달하는 신호를 촉진하거나 억제하는 두 가지 형태로 나뉩니다. 신호를 있는 그대로 전달하는 것이 아니죠. 이것이 통합반응이 일어나는 원리입니다.

신경세포는 1 대 1로 연결되어있지 않고 보통 1 대 100으로 연결되어 있습니다. 즉 하나의 신경세포가 100개의 세포에서 정보를 받고 100개의 세포에 정보를 전달하는 것이죠.

100개의 신경세포로부터 정보를 받으면 어떻게 될까요? 일부 세포에서는 촉진된 신호가 오고 다른 세포에서는 억제된 신호가 올 텐데, 이것들은 동시에 오기도 하지만 약간의 시차를 갖고 오기도 합니다. 즉 신경세포 하나가 100개의 다른 신경세포로부터 받은 정보의 내용이 조금씩 다른 거죠. 이때 신호를 전달받은 신경세포는 모든 신호 값을 합하여 그 합이 양이면 촉진반응을 하고, 음이면 억제반응을 합니다. 이 같은 반응이 억 단위의 신경세포에서 동시다발적으로 일어나는 것이 중추신경계의 활동 양상입니다.

전자현미경 기술이 상당히 발달했지만 하나의 신경세포가 다른 신경세포와 연결된 출입구를 파악하는 것은 불가능합니다. 게다가 각각의 연결은 사람마다 조금씩 다르기 때문에 뇌기능을 파악한다는 것 자체가 굉장히 어려운 일이 되죠.

건강한 삶을 위한
내 몸 공부

초판 1쇄 발행/2017년 5월 19일
초판 7쇄 발행/2020년 4월 17일

지은이/엄융의
펴낸이/강일우
책임편집/최란경
조판/황숙화
펴낸곳/(주)창비
등록/1986년 8월 5일 제85호
주소/10881 경기도 파주시 회동길 184
전화/031-955-3333
팩시밀리/영업 031-955-3399 편집 031-955-3400
홈페이지/www.changbi.com
전자우편/nonfic@changbi.com

ⓒ 엄융의 2017
ISBN 978-89-364-7356-3 03400